挖掘机工作装置载荷谱及其工程应用

LOAD SPECTRUM AND ENGINEERING APPLICATIONS OF EXCAVATOR WORKING DEVICE

万一品　著

宋绪丁　主审

西安电子科技大学出版社

内 容 简 介

疲劳破坏是挖掘机工作装置最常见的一种失效形式。对于工况恶劣且复杂的挖掘机，在交变载荷作用下，其工作装置极易出现疲劳问题，严重影响整机的可靠性和服役性，而载荷谱是挖掘机工作装置动态抗疲劳设计的关键基础数据。本书结合工程实际问题并依托国家科技支撑计划项目、陕西省自然科学基金项目和企业委托横向课题，对大吨位挖掘机的工作装置开展了载荷谱及其应用的系统研究，介绍了大吨位挖掘机工作装置铰接点载荷测试、斗齿尖载荷识别、外载荷当量分析等基础方法，编制了载荷谱，并将其应用于大吨位挖掘机工作装置的疲劳寿命评估中，系统分析了大吨位挖掘机工作装置的疲劳耐久性。

本书将理论研究与工程实践相结合，给出了大吨位挖掘机工作装置载荷谱测试与编制方法及其结果，可以为挖掘机结构件的抗疲劳设计与轻量化提供关键依据。

本书可作为工程机械疲劳领域的科研技术人员和研究生的参考用书。

图书在版编目（CIP）数据

挖掘机工作装置载荷谱及其工程应用/万一品著. -- 西安：西安电子科技大学出版社，2025.7. -- ISBN 978-7-5606-7715-6

Ⅰ. TU621

中国国家版本馆 CIP 数据核字第 202568FN44 号

书　　名　挖掘机工作装置载荷谱及其工程应用
　　　　　　WAJUEJI GONGZUOZHUANGZHI ZAIHEPU JIQI GONGCHENG YINGYONG

策　　划　秦志峰

责任编辑　秦志峰

出版发行　西安电子科技大学出版社（西安市太白南路 2 号）

电　　话　(029) 88202421　88201467　　　邮　　编　710071

网　　址　www.xduph.com　　　　　　　电子邮箱　xdupfxb001@163.com

经　　销　新华书店

印刷单位　河北虎彩印刷有限公司

版　　次　2025 年 7 月第 1 版　　　　2025 年 7 月第 1 次印刷

开　　本　787 毫米×1092 毫米　1/16　　印　　张　11

字　　数　218 千字

定　　价　67.00 元

ISBN 978-7-5606-7715-6

XDUP 8016001-1

＊＊＊如有印装问题可调换＊＊＊

前　言

　　随着挖掘机节能作业在工程施工中的广泛应用，其结构件的疲劳问题变得日益突出，载荷谱的缺失成为制约其抗疲劳性能提升的关键；特别是直接承受外载荷的工作装置，其在低于设计寿命时经常会发生疲劳破坏。挖掘机工作装置承受随机载荷，其载荷时间历程与作业介质和作业姿态密切相关，在缺乏载荷谱的情况下设计的静强度产品，其动态结构疲劳问题愈发严重。因此，挖掘机设计相关人员急需一本能够系统介绍挖掘机工作装置载荷谱的著作。

　　作者在近期的科研活动中，以挖掘机工作装置为对象，开展了载荷谱采集、编制与应用的系统研究，搭建了挖掘机工作装置载荷测试系统，建立了铲斗斗齿尖载荷的识别模型，进行了基于弯矩等效的工作装置外载荷当量方法研究，编制了试验样机的疲劳载荷谱，并将其应用在工作装置焊接细部结构的疲劳寿命评估中。本书就是在上述研究成果的基础上编写的，书中重点介绍了挖掘机工作装置载荷谱测试、载荷识别、载荷当量分析、载荷谱编制等方法及所得载荷谱结果的应用。

　　本书的相关研究工作得到了陕西省自然科学基础研究计划项目（2021JQ—283）、国家科技支撑计划项目（2015BAF07B02）和长安大学研究生教育教学改革项目"《焊接结构疲劳分析》研究生精品教材建设"的资助和支持，在此表示感谢。

　　此外，感谢长安大学道路施工技术与装备教育部重点实验室宋绪丁教授、郁录平教授的指导和帮助；同时，对参考文献作者和西安电子科技大学出版社的相关同志一并致谢。

　　限于作者水平，书中研究方法和试验技术难免存在不足，敬请广大读者指正。

万一品

2025 年 3 月于古都西安

目　录

第1章　绪论 ……………………………………………………… 1

1.1　研究背景 ……………………………………………………… 1

1.2　载荷测试方法研究现状 ……………………………………… 3

1.3　载荷谱编制方法研究现状 …………………………………… 5

1.4　挖掘机工作装置疲劳分析现状 ……………………………… 6

1.5　本书研究内容 ………………………………………………… 8

第2章　挖掘机铲斗载荷测试传感器设计研究 ………………… 10

2.1　铲斗作业阻力特性 ………………………………………… 10

2.1.1　样机特性分析 ………………………………………… 10

2.1.2　理论挖掘阻力 ………………………………………… 13

2.2　传感器设计原理 …………………………………………… 20

2.2.1　销轴力传感器 ………………………………………… 21

2.2.2　连杆力传感器 ………………………………………… 23

2.3　传感器结构设计 …………………………………………… 25

2.3.1　传感器结构参数 ……………………………………… 25

2.3.2　传感器强度校核 ……………………………………… 26

2.4　传感器标定试验 …………………………………………… 28

2.4.1　销轴力传感器 ………………………………………… 28

2.4.2　连杆力传感器 ………………………………………… 32

本章小结 ………………………………………………………… 35

第3章　挖掘机铲斗铰接点载荷测试试验方法研究 …………… 36

3.1　挖掘机典型作业分析 ……………………………………… 36

3.1.1　典型作业介质 ………………………………………… 36

3.1.2　典型作业过程 ………………………………………… 37

3.2　载荷测点与载荷测试传感器系统 ………………………… 38

3.2.1　载荷测点布置 ………………………………………… 38

3.2.2　载荷测试传感器系统 ………………………………… 39

3.3　试验方案与载荷数据处理 ………………………………… 40

　　　3.3.1　试验方案与载荷数据 ……………………………………… 40

　　　3.3.2　载荷数据信号预处理 ………………………………………… 44

　　　3.3.3　实测载荷数据分析 …………………………………………… 45

　　3.4　刚柔耦合动力学分析 ……………………………………………… 49

　　　3.4.1　刚柔耦合动力学模型 ………………………………………… 49

　　　3.4.2　工作装置动力学分析 ………………………………………… 52

　　本章小结 …………………………………………………………………… 55

第4章　挖掘机工作装置疲劳载荷谱外推方法研究 …………………… 56

　　4.1　基于POT模型的载荷外推 ………………………………………… 56

　　　4.1.1　POT模型构建 ………………………………………………… 56

　　　4.1.2　GPD分布参数估计 …………………………………………… 60

　　　4.1.3　实测载荷时域外推 …………………………………………… 61

　　4.2　基于混合分布的载荷外推 ………………………………………… 68

　　　4.2.1　混合高斯分布 ………………………………………………… 68

　　　4.2.2　均值和幅值联合分布 ………………………………………… 71

　　　4.2.3　实测载荷时域外推 …………………………………………… 80

　　4.3　基于核密度估计的非参数雨流外推 ……………………………… 81

　　　4.3.1　核密度估计模型 ……………………………………………… 81

　　　4.3.2　实测载荷雨流外推 …………………………………………… 85

　　本章小结 …………………………………………………………………… 89

第5章　挖掘机铲斗斗齿尖疲劳试验载荷谱编制研究 ………………… 91

　　5.1　铲斗斗齿尖力识别模型 …………………………………………… 91

　　　5.1.1　铲斗斗齿尖载荷分析 ………………………………………… 91

　　　5.1.2　D-H坐标系变换 ……………………………………………… 92

　　　5.1.3　斗齿尖载荷识别结果 ………………………………………… 95

　　5.2　铲斗斗齿尖载荷谱编制 …………………………………………… 98

　　　5.2.1　载荷信号编辑与雨流计数 …………………………………… 98

　　　5.2.2　载荷统计分布与参数估计 …………………………………… 102

　　　5.2.3　载荷外推与编谱 ……………………………………………… 104

　　本章小结 …………………………………………………………………… 109

第6章　挖掘机斗杆和动臂疲劳试验载荷谱编制研究 ………………… 110

　　6.1　台架疲劳加载方案 ………………………………………………… 111

　　6.2　铰点力计算 ………………………………………………………… 113

　　　6.2.1　铰点力公式推导 ……………………………………………… 113

　　　6.2.2　计算结果分析 ………………………………………………… 117

6.3　载荷等效方法 ⋯⋯⋯⋯⋯⋯⋯⋯⋯⋯⋯⋯⋯⋯⋯⋯⋯⋯⋯⋯⋯ 122

6.4　疲劳试验载荷谱编制 ⋯⋯⋯⋯⋯⋯⋯⋯⋯⋯⋯⋯⋯⋯⋯⋯⋯⋯ 126

　　6.4.1　信号编辑与雨流计数 ⋯⋯⋯⋯⋯⋯⋯⋯⋯⋯⋯⋯⋯⋯⋯ 126

　　6.4.2　非参数估计法 ⋯⋯⋯⋯⋯⋯⋯⋯⋯⋯⋯⋯⋯⋯⋯⋯⋯⋯ 130

　　6.4.3　疲劳试验载荷谱 ⋯⋯⋯⋯⋯⋯⋯⋯⋯⋯⋯⋯⋯⋯⋯⋯⋯ 131

本章小结 ⋯⋯⋯⋯⋯⋯⋯⋯⋯⋯⋯⋯⋯⋯⋯⋯⋯⋯⋯⋯⋯⋯⋯⋯⋯ 136

第7章　挖掘机工作装置焊接接头疲劳特性试验研究 ⋯⋯⋯⋯⋯ 137

7.1　焊接接头及试验加载方式 ⋯⋯⋯⋯⋯⋯⋯⋯⋯⋯⋯⋯⋯⋯⋯ 137

7.2　弯曲疲劳试验方案 ⋯⋯⋯⋯⋯⋯⋯⋯⋯⋯⋯⋯⋯⋯⋯⋯⋯⋯ 141

7.3　疲劳试验拟合 S-N 曲线 ⋯⋯⋯⋯⋯⋯⋯⋯⋯⋯⋯⋯⋯⋯⋯ 142

　　7.3.1　疲劳试验过程 ⋯⋯⋯⋯⋯⋯⋯⋯⋯⋯⋯⋯⋯⋯⋯⋯⋯⋯ 142

　　7.3.2　疲劳试验结果 ⋯⋯⋯⋯⋯⋯⋯⋯⋯⋯⋯⋯⋯⋯⋯⋯⋯⋯ 144

　　7.3.3　最小二乘法 ⋯⋯⋯⋯⋯⋯⋯⋯⋯⋯⋯⋯⋯⋯⋯⋯⋯⋯⋯ 146

　　7.3.4　拟合 S-N 曲线 ⋯⋯⋯⋯⋯⋯⋯⋯⋯⋯⋯⋯⋯⋯⋯⋯⋯ 147

本章小结 ⋯⋯⋯⋯⋯⋯⋯⋯⋯⋯⋯⋯⋯⋯⋯⋯⋯⋯⋯⋯⋯⋯⋯⋯⋯ 148

第8章　基于载荷谱的挖掘机工作装置疲劳寿命评估 ⋯⋯⋯⋯⋯ 149

8.1　金属结构疲劳寿命评估理论 ⋯⋯⋯⋯⋯⋯⋯⋯⋯⋯⋯⋯⋯⋯ 149

　　8.1.1　疲劳破坏和疲劳寿命 ⋯⋯⋯⋯⋯⋯⋯⋯⋯⋯⋯⋯⋯⋯⋯ 149

　　8.1.2　Miner 线性疲劳累积损伤理论 ⋯⋯⋯⋯⋯⋯⋯⋯⋯⋯ 150

8.2　焊接结构疲劳评定标准 ⋯⋯⋯⋯⋯⋯⋯⋯⋯⋯⋯⋯⋯⋯⋯⋯ 151

　　8.2.1　BS 7608 标准 ⋯⋯⋯⋯⋯⋯⋯⋯⋯⋯⋯⋯⋯⋯⋯⋯⋯⋯ 151

　　8.2.2　IIW 标准 ⋯⋯⋯⋯⋯⋯⋯⋯⋯⋯⋯⋯⋯⋯⋯⋯⋯⋯⋯⋯ 152

8.3　疲劳关注点的寿命评估 ⋯⋯⋯⋯⋯⋯⋯⋯⋯⋯⋯⋯⋯⋯⋯⋯ 152

　　8.3.1　疲劳关注点位置的选取与结果分析 ⋯⋯⋯⋯⋯⋯⋯⋯ 153

　　8.3.2　疲劳关注点 S-N 曲线的确定 ⋯⋯⋯⋯⋯⋯⋯⋯⋯⋯⋯ 157

　　8.3.4　焊接结构疲劳损伤计算 ⋯⋯⋯⋯⋯⋯⋯⋯⋯⋯⋯⋯⋯⋯ 157

　　8.3.5　疲劳关注点寿命评估 ⋯⋯⋯⋯⋯⋯⋯⋯⋯⋯⋯⋯⋯⋯⋯ 161

　　8.3.6　疲劳寿命评估结果分析 ⋯⋯⋯⋯⋯⋯⋯⋯⋯⋯⋯⋯⋯⋯ 162

本章小结 ⋯⋯⋯⋯⋯⋯⋯⋯⋯⋯⋯⋯⋯⋯⋯⋯⋯⋯⋯⋯⋯⋯⋯⋯⋯ 163

参考文献 ⋯⋯⋯⋯⋯⋯⋯⋯⋯⋯⋯⋯⋯⋯⋯⋯⋯⋯⋯⋯⋯⋯⋯⋯⋯ 164

第 1 章
绪　　论

1.1　研　究　背　景

　　我国是世界第一制造大国，也是工程机械生产企业数量最多的国家。随着我国城镇化和轨道交通的建设，以及"一带一路"的规划，液压挖掘机作为工程机械领域的主力设备，得到了巨大的发展。受国内疫情影响，2023 年挖掘机总销量同比下降了23.8％，总销量虽有所下降，但出口销量同比却增长了 59％，并且 2023 年下半年以来，挖掘机行业向上修复态势明显，2024 年挖掘机销量趋向稳定，2025 年有望成为拐点之年。同时，受欧美、日本人口老龄化和城镇化建设的影响，海外市场仍有很大的发展空间。在挖掘机市场不断扩大的同时，挖掘机的品质成为了客户首要关注的条件之一。

　　在我国工程机械行业，挖掘机在工程机械设备中占有着绝对的市场地位。战略性创新型企业对战略性矿业原材料的需求量将会愈来愈大，其对未来中国战略性矿业发展的影响不可小觑，我国的跨国矿产企业也将活跃在世界舞台上，因此，后疫情时代我国的矿山机械将会有前所未有的需求量。大型矿用挖掘机是矿山开采中常见的工程机械之一，在其工作过程中，铲斗承受着大量的载荷，这些载荷的变化规律和特征对挖掘机的安全运行和使用寿命有着重要影响。

　　挖掘机是国家建设过程中不可或缺的施工机械。随着社会经济的迅速发展，煤矿过度开采导致后续煤矿开采难度增大，挖掘机开采煤矿会受到较大的随机载荷作用，剧烈变化的负载会对挖掘机工作装置产生强烈冲击力，极大降低挖掘机的使用寿命。在中国工程机械工业协会正式发布的《工程机械行业"十四五"发展规划》中，明确把工程机械产品可靠性提升工程作为重点突破技术与产业化创新工程。我国市场上小型挖掘机占比约 60%，中大型挖掘机占比约 40%，中大型挖掘机中外资品牌占比超过 50%。其主要原因是我国大多使用传统挖掘机设计方法，通过力学推导计算弥补工作装置的不足，这种设计方法会耗费大量的人力和时间，并且挖掘机整体质量改善较小。

通过对载荷进行测试和分析，获得载荷的实时变化数据，据此制定相应的工作模式和操作规范，可保证挖掘机的安全运行并延长其使用寿命，提高其工作效率和性能。编制载荷谱将更好地分析载荷的变化规律和特征，对挖掘机工作装置的疲劳寿命进行评估和分析。

随着液压技术的广泛使用以及第一台液压挖掘机的问世，我国于 20 世纪 50 年代开始自主研制液压挖掘机，经过几十余年的发展，涌现出了一批优秀的重工制造企业，如徐工、三一重工、中联重科等。工程机械行业在"十四五"新形势新要求的历史起点上，将要实施的产业创新工程包括工程机械产品可靠性提升工程和工程机械检测、试验与评价数字化平台建设工程。可见，产品质量的提升仍是挖掘机设计研发的重要着力点。

挖掘机工作装置是挖掘机的主要组成部分，是直接完成挖掘任务的装置。它由斗杆、动臂、铲斗三部分铰接而成，通过液压油缸伸缩控制斗杆、动臂和铲斗相互作用，达到挖掘作业的目的。实际工程作业中，工况是十分复杂的，工作装置在作业过程中往往承载着各种复杂的交变载荷，极易产生疲劳破坏，其疲劳寿命及可靠性直接关系着挖掘机整机的使用寿命和性能。工作装置中的斗杆和动臂是由板材焊接而成的箱型结构，是工作装置中较易发生疲劳破坏的零部件，其疲劳破坏的主要形式是焊缝处出现裂纹或断裂，如图 1.1 所示。因此，开展基于实际工况的载荷谱测试，结合焊接接头疲劳试验获得的 S-N（应力-寿命）曲线对挖掘机工作装置进行疲劳寿命评估，发现零部件设计中存在的问题并进行优化，定期维护工作装置，对提高挖掘机产品质量和可靠性具有重要意义。

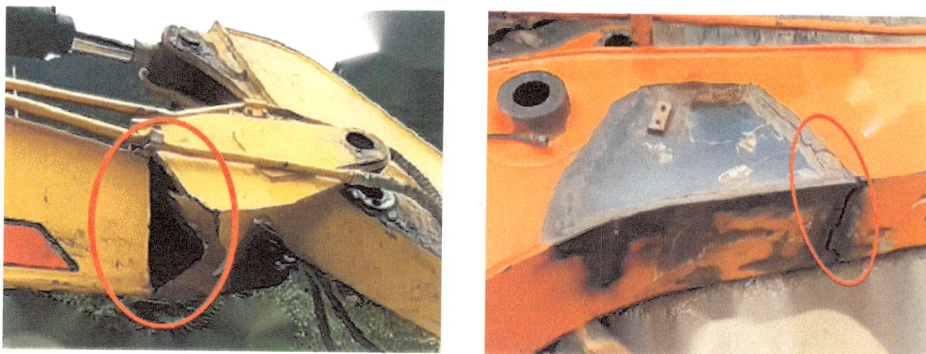

图 1.1　挖掘机动臂疲劳断裂

本书以校企合作科研项目为基础，结合国家科技支撑计划项目和陕西省自然科学基金项目研究成果，针对某公司提出的大型挖掘机工作装置在挖掘施工过程中出现的各种疲劳破坏问题，在大量实际调查和校企合作的基础上，对 50 吨挖掘机工作装置进行了载荷测试和有限元分析，探究了大型挖掘机载荷谱编制方法，优化了大型挖掘机的挖掘质量和结构设计水平，以期提高国产挖掘机在工程机械领域中的竞争力，推动核心技术的进步。

1.2 载荷测试方法研究现状

挖掘机的研究起源于国外，第一台挖掘机诞生距今已经有一百多年的历史，从初期代替人工劳动的理念向更智能、更环保的方向发展。国外生产商对挖掘机研究时间较长，尤其是美国、德国和日本等国家，其挖掘机设计水平比较成熟。为了缩短产品开发时间以及节约开发成本，1935 年研究者 Gassner 首次提出载荷谱的概念。在 Palmgren 的研究基础上，M. A. Miner 通过计算和分析多组疲劳试验数据，在 1945 年提出了线性疲劳累积损伤理论。从此各领域学者开始针对载荷谱进行深入研究，计算机的飞速发展也加快了载荷谱研究的速度。最初，由于飞机结构对疲劳性能的要求高，以此来准确评估飞机实际飞行过程中的受力情况，因此飞机结构的载荷测试技术逐渐得到发展。自此，发达国家将动态载荷识别技术应用到工业产品中，尤其是在汽车行业中，载荷谱的编制得到较好的发展，改善了汽车的使用寿命。目前国外载荷谱测量技术已经由 CUP(Customer Usage Profiling，客户使用概况)流程(即载荷谱收集流程)代替了 Load Measurement(负载测量)技术。CUP 流程如图 1.2 所示。

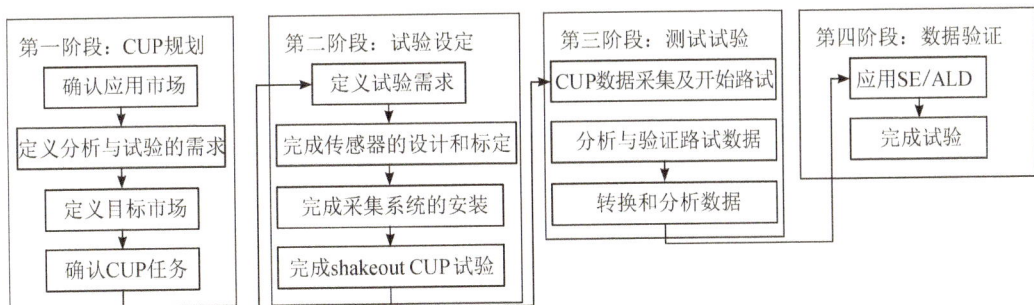

第一阶段：CUP规划	第二阶段：试验设定	第三阶段：测试试验	第四阶段：数据验证
确认应用市场	定义试验需求	CUP数据采集及开始路试	应用SE/ALD
定义分析与试验的需求	完成传感器的设计和标定	分析与验证路试数据	完成试验
定义目标市场	完成采集系统的安装	转换和分析数据	
确认CUP任务	完成shakeout CUP试验		

图 1.2 CUP 流程

我国对载荷谱测试和编制的研究起步较晚，主要是因为我国早期研究水平薄弱、经济水平落后以及技术手段受到西方发达国家限制。直到 1980 年前后，我国研究人员才开始对载荷谱进行大规模、深层次的研究。高镇同、闫楚良、吴富民、徐灏等优秀学者在机械领域针对载荷谱的研究成果较为显著。此外，众多高校和制造企业针对载荷谱的测试和应用也做了大量卓有成效的研究。

在进行挖掘机的结构设计和寿命预测时，最重要的步骤是获取其工作载荷谱。编制挖掘机工作装置载荷谱用于疲劳试验可解决如下难题：

（1）优化挖掘机样品结构；

（2）测评挖掘机工作装置的生产材料在制造过程中对其疲劳性能的影响因子；

（3）对比并修正挖掘机疲劳寿命预测方法；

（4）使用载荷实测数据拟定挖掘机许用动态载荷；

（5）模拟挖掘机裂纹扩展，预测工作装置的疲劳寿命。

从 1970 年开始，动态载荷时间序列的测试技术得以逐步发展，使用传感器将力、扭矩、位移、速度等待测机械参数转化为电参数(电流或电压信号)，再利用数据采集仪器对动态电参数进行识别、记录、储存并转化成非电参数(机械参数)。用试验测试机械参数的电测法原理如图 1.3 所示。

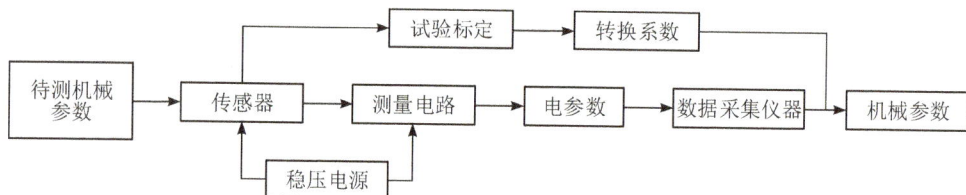

图 1.3　用试验测试机械参数的电测法原理

目前针对汽车和飞机结构的载荷谱及基于载荷谱的相关研究较多，用于工程机械的载荷测试方法较少。随着疲劳强度理论的发展及对产品可靠性要求的提高，越来越多的学者开始分析和研究挖掘机工作装置载荷测试的理论及试验。

Johannesson P. 提出了对实测载荷尾部短期数据未出现的极值载荷进行预测的 Peak Over Threshold(POT)方法。E. John 等人针对挖掘机动臂疲劳开裂问题，在动臂危险点位置安装应变片进行静态和动态测试，确定结构的应变特性并制订了结构维护计划。Dušan Arsić 等人在不同开采条件下进行复杂动载荷试验和分析，根据电流强度的实测值和动载荷的输出值，计算出挖掘覆盖层煤的外载荷。

吴玉文等人考虑惯性的影响，将动态测试结果与使用完全法的瞬态动力学分析结果对比，反证了使用油缸数据获取工作装置各铰点载荷的正确性。秦威、向清怡等多位学者以油缸位移推导出来的铲斗斗齿尖挖掘阻力为理论依据进行挖掘机动应力测试，结果显示该方法简化了多测点的复杂试验和铰点力的计算公式。陈雪辉等人在研究挖掘机工作装置动力学仿真的基础上，运用拉格朗日方程分析了偏载工况和满载启动回转工况的动臂关节处动态载荷仿真数据。张卫国、蒋涛等人使用试验采集的各液压缸位移时间历程和压力时间历程为驱动，进行工作装置的动力学仿真分析，获取了工作装置重要铰接点的工作载荷。万一品等人提出动态载荷测试方法，准确获得了装载机工作装置结构应力分布规律以及动臂与铲斗铰接点处的动态载荷。

以上载荷测试方法涉及两个问题，一是直接测试得到关键铰接点的载荷时间历程需要改造铲斗、斗杆及其铰接销轴的结构，无法直接测量铲斗所受的侧载和偏载；二是通过测量挖掘过程中各油缸压力和油缸位移，计算出挖掘过程中特定加载姿态下的加载载荷时间历程，当危险点的位置发生改变或危险点处的结构发生改变（如板厚变化）时，会导致由测试结果计算得到的载荷谱不能推广应用于同类型不同品牌的挖掘机。

1.3 载荷谱编制方法研究现状

在工程机械领域，工程机械企业，如国外的 VOLVO、Caterpillar、川崎和小松等，国内的徐工、柳工和山河智能等，均投入资金和科研人员成立了疲劳测试研究和试验部门，深入研究工程机械载荷谱编制方法，在处理载荷谱数据及编制载荷谱方面取得了进展。在研究的同时，新技术和新方法不断得以开发，并形成了成熟的应用体系，提高了机械产品的可靠性与耐久性。

K. H. Obaia 等研究学者针对重型矿山挖掘机频繁发生的疲劳失效问题，建立了工作装置有限元模型并进行台架试验，来研究工作装置开裂部件的疲劳寿命。G. Glinka 在不同试验工况下获取再制造挖掘机动臂危险节点的实际应力谱，使用有限元分析方法得到了动臂结构上任意节点的应力谱。Siwiec Dominika 等学者使用 Ishikawa Diagram 和 5 Why 质量管理技术方法诊断露天挖掘机动臂潜在的缺陷和问题的原因。

王鹏辉等人使用小漏载阈值简化准则、极值推断准则以及多种工况下的综合外推方法，提出了一种挖掘机斗杆的多工况载荷谱编制方法。刘菊蓉等人选取挖掘机挖掘工作中的常态挖掘轨迹，计算各分段轨迹的液压缸理论挖掘力，得到了铲斗关键铰接点的载荷谱。范立光等人认为铲斗在作业过程中不断受到摩擦和冲击导致不同程度的损伤，为此提出了一套新的铲斗失效修复方案和工艺优化流程。任志贵等人研究多工况复合挖掘对挖掘机铲斗的疲劳寿命影响，并选择主挖区的挖掘轨迹作为研究前提，利用连续挖掘轨迹和极限挖掘力探讨铲斗的轻量化研究。王永来等人提出了编制用于台架加载的扭矩载荷谱的参数外推新方法，该方法是由结构应变载荷到扭矩载荷的迁移，在数据处理及载荷等效方法等问题上进行了优化调整。万一品等人以工作装置实测铰点载荷为依据，建立了核密度估计和参数分布估计两种当量外载荷数据模型并编制了疲劳试验载荷谱。于佳伟等人运用多通道载荷谱二维时域阈值编制方法，结合伪损伤保留准则，构建了整车道路模拟试验目标载荷谱。

随着有限元方法理论研究的深入和计算机技术的发展，有限元法在疲劳寿命分析计算中越来越重要。众多研究人员使用有限元分析软件强大的计算功能分析挖掘机动态和静态特性，计算铲斗挖掘力以及优化挖掘机工作装置的设计，为提高挖掘机工作的稳定性和可靠性提供了理论依据。挖掘机工作装置静力学分析存在局限性，部分学者使用仿真软件深入探索挖掘机工作装置动态特性分析，以补充挖掘机设计理论上的不足。为了更真实地仿真挖掘机实际工作，仿真模型中将柔性体引入进行计算，为多体动力学添加了振动模块，解决了应力动态计算困难的问题，综合考虑机构运动状态与负载的动力学分析，准确计算危险工况的应力分布。

以上研究均使用油缸位移和油缸压力数据或者应用有限元分析结果作为载荷测试基础，进行工作装置结构受力分析，并未直接测量出重要铰接点的工作载荷时间历程，因此，试验结果与实际工作存在一定的偏差。

针对目前载荷测试和载荷谱编制存在的问题，本书设计了一款在不改变原有工作装置结构的基础上，可以直接测量挖掘机工作装置正载、偏载和侧载的销轴力传感器。利用销轴力传感器测试的数据得到工作装置外载荷当量，运用参数法编制挖掘机工作装置的二维载荷谱。工作装置外载荷是一组空间力系，该方法考虑了正载、偏载和侧载的影响，所得到的载荷谱与实际情况更加贴合，适用于吨位相近、斗容量相同的各类挖掘机。

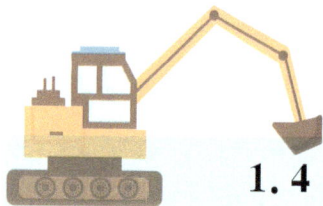

1.4　挖掘机工作装置疲劳分析现状

挖掘机是工程机械诸多产品中销量最高，也是最普遍使用的工程机械之一。挖掘机工作装置作为完成挖掘作业最主要、最直接的部件，在工作过程中受复杂交变载荷作用，使得斗杆和动臂经常发生变形及疲劳断裂，从而导致整机失效，影响工作效率。为了更为精确地评估挖掘机工作装置的疲劳寿命，做到定期维护，就需要编制能反映挖掘机实际作业工况的载荷谱、合适的 S-N 曲线及较为完善的疲劳寿命评估方法。

载荷谱的编制原理和方法是疲劳研究领域的难题，国际上载荷谱数据和编谱方法实施细则属于企业机密和知识产权范围。我国挖掘机工作装置载荷谱研究已有 40 多年的历史，目前载荷测试仍处于发展阶段，大多采用虚拟仿真、典型工况试验测试结合数据计算的方法。虚拟仿真实验经济高效、成本较低，试验时需要充分考虑外部因素的影响，试验误差无法进一步验证。卢宁和韩崇瑞采用 ANSYS APDL 和 Adams 联合仿真，获得了典型工况的塔式起重机载荷谱，提供了一种通过虚拟仿真实验获得载荷谱的方式。现场试验的方法可靠性较高，结果相对较为精确，但时效较慢、成本较高。秦威等人通过挖掘机工作过程中油缸力和油缸位移的变化推导出斗齿尖载荷，在 Adams 软件中仿真模拟，仿真测试结果误差范围在 5% 以内，编制了有效的实际工况载荷谱。万一品和宋绪丁等人通过设计装载机连杆传感器，考虑侧载的影响，进行典型工况的载荷测试试验，间接测得了实际工况的随机载荷谱。试验测得的载荷谱较为复杂，数据较为庞大，不能直接用于疲劳强度加载试验中。Wang Penghui 和 Xiang Qingyi 等人基于损伤一致性准则和损伤等效原理编制了多工况等效载荷谱，等效谱与随机谱计算的寿命相对误差小于 8.8%。向清怡针对台架疲劳试验挖掘机斗杆各铰点力无法同时加载的问题，提出了一种复杂载荷等效的方法，并通过测点应力误差分析验证了该方法的有效性，使室内台架疲劳试验成为了可能。杜建等人基于实测载荷谱搭建了多轴虚拟台架试验，得到了台架随机谱和台架程序谱，满足损伤一致性原则，为疲劳试验台架的搭建和台架载荷谱设计提供了依据。

S-N 曲线描述了名义应力与寿命之间的关系，是 1871 年由德国人 A. Wahler 提出的概念。经过一个半世纪的发展，金属材料的 S-N 曲线基础试验理论已经趋于完善。拟合较为精确的 S-N 曲线需要大量试验数据，费时、费力且成本较高，现代学者针对此问题，陆续开展了基于 S-N 曲线基础试验理论探索新的试验方法与数据拟合方法的研究工作。I. Burhan 等人针对复合材料 S-N 曲线模型展开分析，对比了用于预测应力比开发的 S-N 曲线模型与直接用于疲劳数据表征的模型，得到了直接用于疲劳数据表征的模型数据拟合能力较好的结论。白恩军与 Zu Tianpei 等人基于 Weibull 分布拟合了小样本的 P-S-N 曲线，得到了与传统拟合方法对比，该方法误差较小、较为合理的结论。P. D. T. Caiza 等人将 Stüssi 函数与 Weibull 分布相结合提出了新的 S-N 曲线模型，通过试验数据验证，与 Weibull 分布模型进行对比，提出了有关疲劳试验的建议。焊接是工程应用中常用的连接方式，受残余应力及焊接缺陷的影响，其疲劳破坏机理与金属母材略有不同。焊接结构疲劳试验及数据拟合方法与金属母材基本一致，但由于焊接方式与工艺的多样性，导致其 S-N 曲线测定成为一大难题。除了国际通用的焊接标准，学者们针对特定的焊接结构也做了一定的研究工作。李向伟等人以结构应力为参量，提出了以拟合主 S-N 曲线代替不同焊接形式 S-N 曲线的方法，开发了主 S-N 曲线拟合软件。周韶泽等人采用最小二乘法和 300 个疲劳试验数据拟合了超声疲劳超高周主 S-N 曲线，为铝合金焊接结构超高周疲劳设计提供了重要参数。

在疲劳评估方面，目前针对挖掘机工作装置进行疲劳评估常用的基于应力的方法有名义应力法、热点应力法、断裂力学法。国内挖掘机疲劳寿命评估起步较晚，近些年才逐步发展。D. Arsić 等人在分析斗轮挖掘机挖掘阻力及工作过程中的振动影响时，对动臂重要焊接结构基于断裂力学进行了疲劳试验，分析了动臂的疲劳寿命。A. A. Kotesova 等人使用模型特征来优化单斗挖掘机动臂细节的疲劳伽马百分比，通过改变钢种和几何特性，将动臂的伽马百分比疲劳寿命提高到了最佳值。Zhao Gang 等人基于挖掘机工作装置实测载荷谱，结合修正后的 S-N 曲线进行有限元分析，评估出了动臂的疲劳寿命。Shao Yuhong 对两台挖掘机动臂和斗杆进行了疲劳试验，采用增广样本法在极小样本下对工作装置进行了可靠性分析，并计算了不同置信度和可靠度下的疲劳寿命结果。

曹蕾蕾等人在实测载荷数据的基础上，基于结构应力法和主 S-N 曲线，对挖掘机斗杆和动臂进行了疲劳寿命评估，并与疲劳试验结果对比分析，验证了仿真分析的正确性。D. Leonetti 和 Wang F. 等人采用断裂力学法对焊接结构进行了全寿命评估，计算了焊接结构在任意工作时间的疲劳裂纹扩展进度。

上述研究大多通过实测工作外载荷、有限元仿真与国际通用焊接标准进行工作装置的疲劳寿命评估，载荷测试研究成果中未测得大型挖掘机实际工作外载荷，且在开展不同型号挖掘机寿命评估工作时，载荷数据无法通用。因为缺少工作装置对应焊接形式的实测 S-N 曲线，所以采用不同疲劳寿命评估标准评估的结果的准确性无法判断。

1.5　本书研究内容

结合大型挖掘机工作装置的结构特性，本书形成了从理论挖掘力分析、传感器设计、载荷测试、载荷信号编辑、动力学仿真到斗齿尖载荷谱编制的一整套工作装置铲斗斗齿尖载荷谱测试和编制方法。基于疲劳寿命评估理论、疲劳评定标准、S-N 曲线疲劳试验标准、计算机辅助工程，本书利用有限元软件，开展挖掘机工作装置疲劳寿命评估工作。本书主要研究内容如下：

（1）介绍挖掘机基本结构及工作时各构件间的配合关系，确定研究对象的构件参数和材料参数；讨论在不同工作情况下挖掘机的切向挖掘阻力，拟定最大切向挖掘阻力；在三种典型挖掘机作业姿态下进行静力学实例分析，计算挖掘阻力以及铲斗和斗杆铰接点处受到的载荷。

（2）提出对大型挖掘机铲斗外载荷进行提取的新型销轴力传感器以及连杆力传感器，设计方法对销轴力传感器和连杆力传感器进行原理分析、理论计算、有限元分析、标定试验，并对安装过程进行介绍。

（3）确定测试工况以及工况比例，对试验场地进行布置并搭建试验样机测试结构，采集各油缸力、油缸位移、销轴力以及连杆力，对试验数据进行深入分析；建立大型挖掘机工作装置刚柔耦合模型，用实测数据作为驱动进行动力学仿真，用于验证模型正确性以及传感器的测试精确度。

（4）分析铲斗全局坐标系载荷分布，建立工作装置外载荷识别模型，使用 D-H 坐标系变换方法求得铲斗斗齿尖处的外载荷及对应铲斗斗齿尖载荷峰值的 3 个挖掘机作业姿态；对斗齿尖载荷进行伪损伤比计算，使用雨流技术法得到 3 个工况的载荷均值和幅值的概率分布函数；使用参数外推法确定全工况的极值载荷，获得基于参数法外推的挖掘机铲斗的一维和二维载荷谱。

（5）设计台架疲劳试验加载方案，根据实测载荷数据推导各铰接点的铰点力，进行台架试验等效载荷计算，完成等效载荷的载荷谱编制。

（6）用有限元方法分析斗杆、动臂台架试验承载应力云图，选择应力较大位置为疲劳强度关注点，求解出该点处垂直于焊缝的名义应力，计算外载荷与名义应力传递系数，结合等效载荷的载荷谱求出关注点名义应力谱，借助 S-N 曲线及线性疲劳累积损伤准则，求出关注点疲劳损伤和寿命。

2.1　铲斗作业阻力特性

2.1.1　样机特性分析

　　挖掘机主要应用在矿山、土石方开挖、能源开采等工程中，进行挖掘和近距离转送物料。其工作装置由铲斗和协助铲斗运动的多连杆机构组成，多连杆机构包括铰接式连接的动臂、斗杆、连杆和摇臂等。工作装置以油缸的伸缩驱动各结构进行复杂的挖掘动作，满足挖掘工作的需求，挖掘机工作装置的结构如图 2.1 所示。

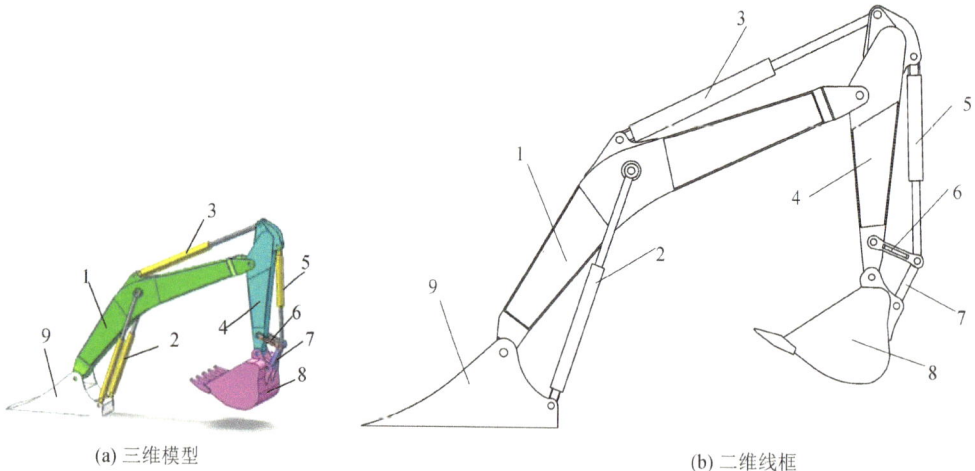

(a) 三维模型　　　　　　　　　　　　　　　　(b) 二维线框

1—动臂；2—动臂油缸；3—斗杆油缸；4—斗杆；5—铲斗油缸；6—摇臂；7—连杆；8—铲斗；9—转台。

图 2.1　挖掘机工作装置的结构

铲斗在动臂油缸、斗杆油缸和铲斗油缸的伸缩运动下，实现多角度连续动作的转动以及作业介质的挖掘和卸料。在大型挖掘机(30～50 t)中，50 t挖掘机主要针对矿山作业，具有较高的销量和典型性。因此本书选择50 t挖掘机作为试验样机，如图2.2所示。

图 2.2　试验样机(挖掘机)整体展示图

试验样机(挖掘机)配备康明斯 QSM11 发动机，拥有超大的使用功率，有足够动力储备来满足各种极限工况。为了应对重载岩石工况，试验样机(挖掘机)采取在工作装置关键部位加厚、加强保护，以及采用加强型行走系统、防撞型回转平台等措施，并结合大型散热系统，以适应恶劣的矿山作业。

试验样机(挖掘机)的关键技术参数如表2.1所示。

表 2.1　试验样机(挖掘机)关键技术参数

机重/kg	额定功率/kW	标准斗容/m³	额定挖掘力/kN		增压挖掘力/kN	
			斗杆	动臂	斗杆	动臂
46 500	280	3.2	255	270	265	280

试验样机(挖掘机)3个油缸的基本工作参数如表2.2所示。

表 2.2　试验样机(挖掘机)3 个油缸的基本工作参数

油缸	缸径/mm	杆径/mm	工作压力/MPa	溢流压力/MPa
动臂油缸	180	100	34.3	39.2
斗杆油缸	190	120	34.3	39.2
铲斗油缸	170	110	34.3	39.2

试验样机(挖掘机)工作装置的结构材料是 Q355 低碳合金钢,其材料参数如表 2.3 所示。由表 2.3 可看出,Q355 低碳合金钢拥有较好的综合力学性能和焊接性。

表 2.3　Q355 的材料参数

屈服强度/MPa	抗拉强度/MPa	弹性模量/(N/mm^2)	密度/(g/mm^2)	泊松比	伸长率
355	510~600	206	7.85×10^{-6}	0.28	≤22%

挖掘机的挖掘作业过程可以分为以下几个步骤:

(1)调整挖掘机的姿态。根据挖掘的场地,调整挖掘机的姿态,使其工作状态平稳,以便顺利进行挖掘作业。

(2)定位挖掘区域。根据工程设计,确定挖掘区域和需要挖掘的深度等相关参数,并通过挖掘机上的显示器等设备进行定位。

(3)挖掘操作。根据挖掘需要,选择适当的挖掘方式和器具,对目标挖掘区域进行逐步挖掘。在此过程中,操作人员需根据挖掘机的各项性能进行操作,注意挖掘速度和深度,确保挖掘过程安全稳定。

(4)装载物料。在挖掘器具或挖掘区域达到设计要求后,需要将挖掘出的物料装载至铲斗或其他载重车辆中。在此过程中,操作人员需根据目标物料的地形、体积、重量等因素进行操作,确保物料的安全和装载效率。

(5)整理场地。在挖掘作业结束后,需要对挖掘场地进行整理,清除残留物料和杂物,并恢复场地原貌。

挖掘机在挖掘作业时需要注意操作的安全、效率和质量,在每个步骤中都要进行仔细的监测和控制,以确保工程顺利完成。

挖掘机的各种挖掘方式都是基于其控制系统的工作原理实现的。液压控制系统主要由液压泵、液压马达、液压缸、油管等组成。在实际挖掘作业中,油缸运动的组合方式有很多种,下面介绍常见的 3 种挖掘方式。

(1)铲斗挖掘。铲斗油缸伸缩工作,动臂油缸和斗杆油缸保持稳定姿态,挖掘机挖掘轨迹的圆心是铲斗与斗杆铰接点,半径的大小完全由铲斗本身决定。铲斗油缸的运动直接影响到挖掘轨迹和铲斗的转角。铲斗挖掘的行程短,需要更大的切削深度才能满足挖掘需求，所需挖掘力大，在计算挖掘机最大挖掘力时，一般在铲斗挖掘方式下进行。铲斗挖掘简单易操作，适合浅层或未加工过的场地，如建筑物修缮、废弃物清理等；受到铲斗的大小和结构限制，其作业范围和挖掘深度都受到了一定的限制，工作效率较低。

（2）斗杆挖掘。斗杆油缸伸缩工作，动臂油缸和铲斗油缸保持稳定姿态，挖掘机挖掘轨迹的圆心是动臂与斗杆铰接点，半径由此铰接点与铲斗斗齿的距离组成，半径的大小由斗杆油缸的伸缩控制。斗杆油缸的行程决定了铲斗斗齿尖运动轨迹的总长度和包角。斗杆的长度比动臂更长，能够实现更深层的挖掘，因此，斗杆挖掘适用于深一些的坑槽、建筑基础、工厂道路等中等深度的挖掘作业。斗杆挖掘具有强大的挖掘能力、较高的精度和效率。斗杆长度过长可能导致斗杆扭曲，而且会降低挖掘机的作业稳定性。

（3）动臂挖掘。动臂油缸伸缩工作，斗杆油缸和铲斗油缸保持稳定姿态，挖掘机挖掘轨迹的圆心是铲斗与回转平台的铰接点，半径由此铰接点和铲斗斗齿尖的连线组成，半径的大小由动臂油缸的伸缩控制。挖掘机的最大挖掘高度和深度由动臂与工作水平面夹角直接决定。当动臂油缸伸长至极限位置时，斗杆油缸和铲斗油缸收缩到极限位置并保持油压稳定，挖掘机呈现最大挖掘半径姿态并伴有最大挖掘行程。动臂挖掘不需要很大的空间，可以很好地操纵液压挖掘机，具有强大的挖掘能力，能够掘进潜在地层以及进行短距离挖掘工作。动臂挖掘的挖掘范围有限，无法进行大范围的开挖工作，效率相对较低，适用于浅层开挖和中小型项目场景。

挖掘机的 3 种挖掘方式，实质上都是通过液压系统中各种液压元件的协同工作来实现的，通过精准的控制，液压系统提供可靠的力量和动能，从而实现各种挖掘动作。针对不同的场景和工程需求，选用不同的挖掘方式和器具尤为重要。3 种挖掘方式各有特点，可以根据不同的场合和要求来选择使用。有时，不同的挖掘方式也可以结合起来使用，以提高效率和效果。

2.1.2　理论挖掘阻力

挖掘机铲斗受到大小不均的连续外力作用，其大小与作业介质、油缸、整机重量以及挖掘机与地面附着力等相关。在正常挖掘作业时，挖掘机铲斗的理论挖掘作业阻力，是铲斗载荷测试传感器设计的关键参考依据。

试验样机（挖掘机）结构件重力以及工作装置各构件间的角度参数分别如图 2.3 和图 2.4 所示。G_1 为履带整体重量，G_2 为转台重量，$G_3 \sim G_9$ 分别为动臂油缸重量、动臂重量、斗杆油缸重量、斗杆重量、铲斗油缸重量、摇臂重量、连杆重量，G_{10} 为铲斗和铲斗内物料的总重量。U、V 分别为后倾点、前倾点，点 O_1、O_2、O_3、C、B、D、E、G、H、I、K 分别为运动部件和构件的铰接点，点 J 为铲斗斗齿尖的一点。

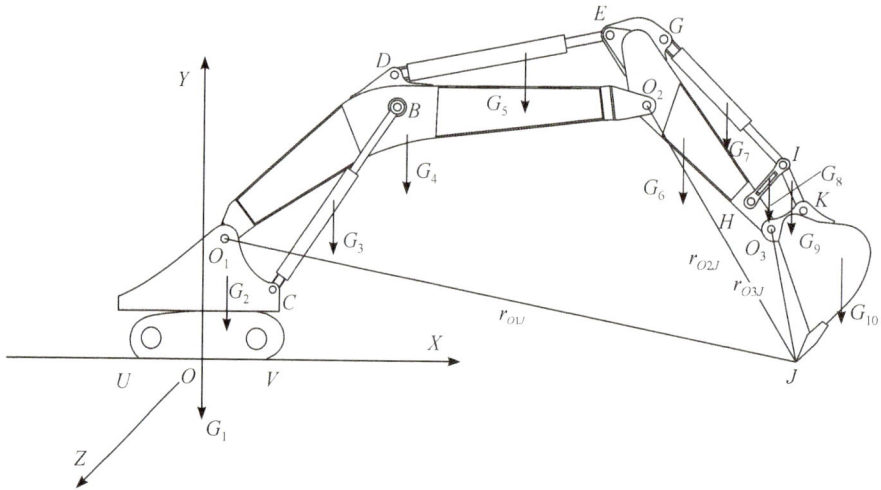

图 2.3　试验样机(挖掘机)结构件重力示意图

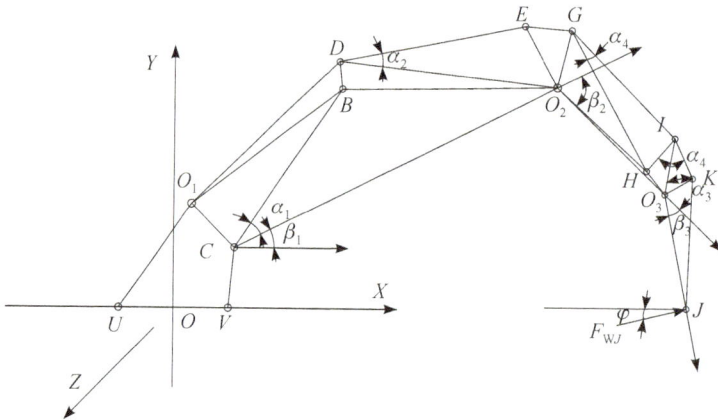

图 2.4　试验样机(挖掘机)工作装置各构件间的角度参数示意图

用 M_{O1} 和 M'_{O1} 分别表示动臂油缸收缩、伸长时油缸对 O_1 点的力矩；用 M_{O2} 和 M'_{O2} 分别表示斗杆油缸收缩、伸长时油缸对 O_2 点的力矩；将铲斗油缸对 O_3 点的力矩记作 M_{O3}。各力矩的求解计算如式(2.1)所示。

$$
\begin{bmatrix}
M_{O1} \\
M'_{O1} \\
M_{O2} \\
M'_{O2} \\
M_{O3}
\end{bmatrix}
=\frac{n_i x_i}{4}\pi
\begin{bmatrix}
P_b & P_h \\
-P_h & -P_b \\
-P_s & -P_h \\
P_h & P_s \\
-P_o & -P_h
\end{bmatrix}
\begin{bmatrix}
D_i^2 \\
D_i^2-d_i^2
\end{bmatrix}
\quad (i=1,2,3) \tag{2.1}
$$

式中：$x_1=L_{BO1}\sin\alpha_1$，$x_2=L_{DO1}\sin\alpha_2$，$x_3=(L_{KO3}\sin\alpha_3 L_{GH}\sin\alpha_4)/(L_{HI}\sin\alpha_5)$，其中，$L_{BO1}$、$L_{DO1}$、$L_{KO3}$、$L_{GH}$、$L_{HI}$ 分别表示对应两点间的长度；n_i 为液压缸数目，$n_1=2$，$n_2=n_3=1$；D_i 为油缸直径，d_i 为推动杆直径；P_b 为动臂油缸闭锁压力，P_s 为斗杆油

缸闭锁压力，P_h 为液压缸回油背压，P_o 为挖掘机系统压力。

当挖掘机动臂油缸处于闭锁状态时，由动臂油缸闭锁压力产生的铲斗最大挖掘力如式(2.2)所示。

$$F_{WJ1} = \frac{L_{JO3}\left(\sum_{i=3}^{10} L_{XO1Gi} \cdot G_i - M_{O1}\right)}{r_{XJO1} \cdot r_{XJO3} + r_{YJO1} \cdot r_{YJO3}} \tag{2.2}$$

式中：L_{JO3} 为 O_3 点距 J 点的长度，即铲斗长度；L_{XO1Gi} 为铰接点 O_1 到各构件重心的距离在 X 轴方向上的分量；r_{XJO1}、r_{XJO3}、r_{YJO1}、r_{YJO3} 分别为铲斗斗齿尖 J 到铰接点 O_1 和 O_3 的距离在 X 轴与 Y 轴方向上的分量。

当挖掘机斗杆油缸处于闭锁状态时，由斗杆油缸闭锁压力产生的铲斗最大挖掘力如式(2.3)所示。

$$F_{WJ2} = \frac{L_{JO3}\left(\sum_{i=5}^{10} L_{XO2Gi} \cdot G_i - M_{O2}\right)}{r_{XJO2} \cdot r_{XJO3} + r_{YJO2} \cdot r_{YJO3}} \tag{2.3}$$

式中：L_{XO2Gi} 为铰接点 O_2 到各构件重心的距离在 X 轴方向上的分量；r_{XJO2}、r_{XJO3}、r_{YJO2}、r_{XJO3} 分别为铲斗斗齿尖 J 到铰接点 O_2 和 O_3 的距离在 X 轴与 Y 轴方向上的分量。

当铲斗油缸大腔发挥主动性时，铲斗最大挖掘力如式(2.4)所示。

$$F_{WJ3} = \frac{\sum_{i=9}^{10} L_{XO3Gi} \cdot G_i - M_{O3}}{r_{XJO3} \cdot \cos(\beta_1 + \beta_2 + \beta_3) + r_{YJO3} \cdot \sin(\beta_1 + \beta_2 + \beta_3)} \tag{2.4}$$

式中：L_{XO3Gi} 为铰接点 O_3 到各构件重心的距离在 X 轴方向上的分量；r_{XJO3}、r_{YJO3} 分别为铲斗斗齿尖 J 到铰接点 O_3 的距离在 X 轴与 Y 轴方向上的分量。

由前倾条件决定的铲斗最大挖掘力如式(2.5)所示。

$$F_{WJ4} = \frac{L_{JO3} \cdot \sum_{i=1}^{10} L_{XVGi} \cdot G_i}{r_{ZJV} \cdot r_{ZJO3} + r_{YJV} \cdot r_{YJO3}} \tag{2.5}$$

式中：L_{XVGi} 为前倾点 V 到各构件重心的距离在 X 轴方向上的分量；r_{ZJV}、r_{ZJO3}、r_{YJV}、r_{YJO3} 分别为铲斗斗齿尖 J 到前倾点 V、铰接点 O_3 的距离在 Z 轴与 Y 轴方向上的分量。

由后倾条件决定的铲斗最大挖掘力如式(2.6)所示。

$$F_{WJ5} = \frac{L_{JO3} \cdot \sum_{i=1}^{10} L_{XUGi} \cdot G_i}{r_{ZJU} \cdot r_{ZJO3} + r_{YJU} \cdot r_{YJO3}} \tag{2.6}$$

式中：L_{XUGi} 为后倾点 U 到各构件重心的距离在 X 轴方向上的分量；r_{ZJU}、r_{ZJO3}、r_{YJU}、r_{YJO3} 分别为铲斗斗齿尖 J 到后倾点 U、铰接点 O_3 的距离在 Z 轴与 Y 轴方向上的分量。

由整机稳定性决定的铲斗最大挖掘力如式(2.7)所示。

$$F_{WJ6} = G_0 \cdot \frac{\psi}{\cos\beta} \tag{2.7}$$

式中：G_0 为整机重；ψ 为履带与地面的摩擦系数；β 为挖掘阻力与工作水平面的夹角。

由上述分析可知，铲斗的最大挖掘力是 3 组油缸的位移函数，最大挖掘力取以上 3 种条件限制下求得的最大挖掘力的最小值，铲斗最大挖掘力如式(2.8)所示。

$$F_{WJmax} = \min\{F_{WJ1}, F_{WJ2}, F_{WJ3}, F_{WJ4}, F_{WJ5}, F_{WJ6}\} \tag{2.8}$$

在上述 6 种因素影响下确定的铲斗理论挖掘力基础上，选择以下 3 种典型挖掘作业姿态进行力学计算，确定挖掘阻力，作为铲斗载荷测试传感器设计的依据。

1. 典型作业姿态一

动臂油缸收缩至极限，动臂重心低于工作平面，斗杆油缸处于最大力臂状态，铲斗油缸收缩，此时动臂和斗杆的铰接点 O_2、铲斗和斗杆的铰接点 O_3 以及铲斗斗齿尖处于一条直线上，如图 2.5 所示。在此作业姿态下，最大挖掘力主要受限于动臂油缸的闭锁能力。

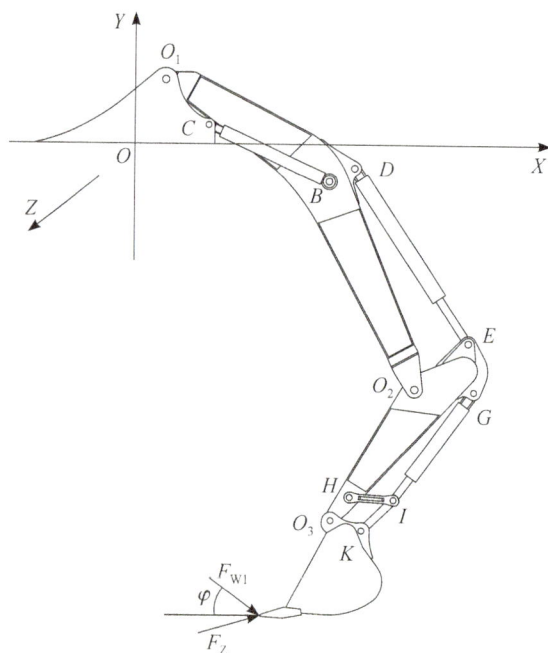

图 2.5　典型作业姿态一

当动臂油缸处于闭锁状态时，其抗拉能力与有杆腔闭锁压力 F_1 为线性关系。以工作装置为隔离体，对动臂与车架铰接点 O_1 列力矩平衡方程，此时的最大挖掘阻力 F_{W1} 如式(2.9)所示。

$$F_{W1} = \frac{1}{R_{O1W1}}\left(\sum_{i=1}^{3} G_i R_{O1Gi} + \sum_{i=5}^{8} G_i R_{O1Gi} - F_1 d_1\right) \tag{2.9}$$

式中：d_1 为力 F_1 到铰接点 O_1 的垂直距离；R_{O1W1} 为动臂油缸对 O_1 点产生的力臂；

R_{O1Gi} 为重心 G_i 与 O_1 点的水平距离。

根据试验样机（挖掘机）的结构尺寸，可以确定当工作装置位于典型作业姿态一时，动臂油缸长度 $BC = 2281$ mm，斗杆油缸和铲斗油缸长度分别为 $DE = 3234$ mm 和 $GI = 2327$ mm，挖掘阻力 F_{w1} 与水平方向的夹角 $\varphi = 36.9°$。根据公式（2.9）可求解出此时的最大挖掘阻力 $F_{w1} = 290.74$ kN。

2. 典型作业姿态二

动臂油缸收缩，使动臂油缸的重心处于最低位置。斗杆油缸和铲斗油缸伸长，使动臂和斗杆的铰接点 O_2、斗杆和铲斗的铰接点 O_3 的连线 O_2O_3 与平面 XOZ 垂直，如图 2.6 所示。在此作业姿态下，最大挖掘力主要受限于斗杆油缸的闭锁能力。

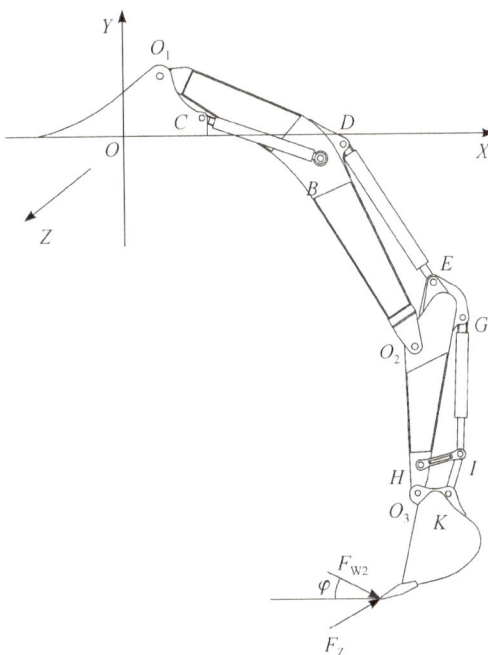

图 2.6　典型作业姿态二

当斗杆油缸处于闭锁状态时，其抗压能力与无杆腔闭锁压力 F_2 为线性关系。取挖掘机斗杆、铲斗、连杆和摇臂为隔离体，对动臂和斗杆的铰接点 O_2 列力矩平衡方程，此时的最大挖掘阻力 F_{w2} 如式（2.10）所示。

$$F_{w2} = \frac{1}{R_{O2W2}} \left(\sum_{i=2}^{3} G_i R_{O2Gi} + \sum_{i=6}^{8} G_i R_{O3Gi} - F_2 d_2 \right) \tag{2.10}$$

式中：d_2 为力 F_2 到铰接点 O_2 的垂直距离；R_{O2W2} 为动臂油缸对 O_2 点产生的力臂；R_{O2Gi} 为重心 G_i 与 O_2 点的水平距离；R_{O3Gi} 为重心 G_i 与 O_3 点的水平距离。

根据试验样机挖掘机的结构尺寸，可以确定当工作装置位于典型作业姿态二时，动臂油缸长度 $BC = 2284$ mm，斗杆油缸和铲斗油缸长度分别为 $DE = 2839$ mm 和 $GI = 2684$ mm，挖掘阻力 F_{w2} 与水平方向的夹角 $\varphi = 28.5°$。根据式（2.10）可求解出此

时的最大挖掘阻力 $F_{W2} = 264.56$ kN。

3. 典型作业姿态三

动臂油缸和斗杆油缸伸长至两油缸作用力臂最大的位置，调整铲斗油缸使铲斗处于最大挖掘力位置，如图 2.7 所示。在此作业姿态下，最大挖掘力受限于铲斗主动能力。

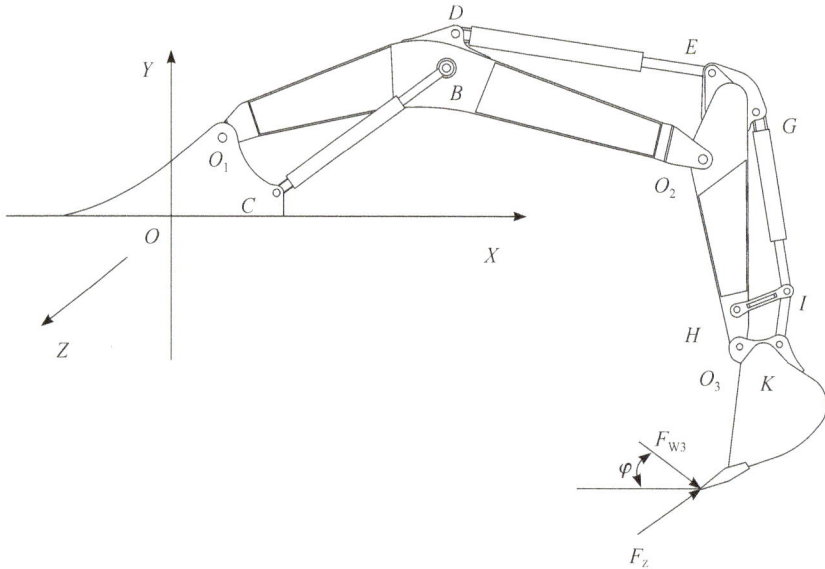

图 2.7　典型作业姿态三

取铲斗和连杆作为隔离体，对斗杆和铲斗的铰接点 O_3 列力矩平衡方程，此时的最大挖掘阻力 F_{W3} 如式（2.11）所示。

$$F_{W3} = \frac{G_3 R_{O3G3} + G_7 R_{O3G7} + G_3 R_{O3G8}}{r_4} + F_3 \times \frac{r_1 \times r_3}{r_2 \times r_4} \tag{2.11}$$

式中：F_3 为铲斗油缸的理论推力；r_1、r_2、r_3、r_4 分别为铲斗油缸对铰点 H 的力臂、连杆 IK 对铰点 H 和铰点 O_3 的力臂、铲斗挖掘力 F_{W3} 对铰点 O_3 的力臂；R_{O3G3}、R_{O3G7}、R_{O3G8} 分别为铲斗整体（包括物料）、摇臂、连杆的重心与铲斗和斗杆铰接点 O_3 的水平距离。

根据试验样机挖掘机的结构尺寸，可以确定当工作装置位于典型作业姿态三时，动臂油缸长度 $BC = 2889$ mm，斗杆油缸和铲斗油缸长度分别为 $DE = 3485$ mm 和 $GI = 2404$ mm，挖掘阻力 F_{W3} 与水平方向的夹角 $\varphi = 20.59°$。根据式（2.11）可求解出此时的最大挖掘阻力 $F_{W3} = 217.65$ kN。

以铲斗油缸与连杆的铰接点 I 为原点，摇臂 HI 为 X 轴，可建立如图 2.8 所示的铲斗局部坐标系。

从图 2.8 中可看出，铲斗油缸力 F_{GI} 与连杆力 F_{KI} 之间的关系如式（2.12）所示。

$$F_{GI} \cdot \cos\zeta - F_{KI} \cdot \sin\beta = 0 \tag{2.12}$$

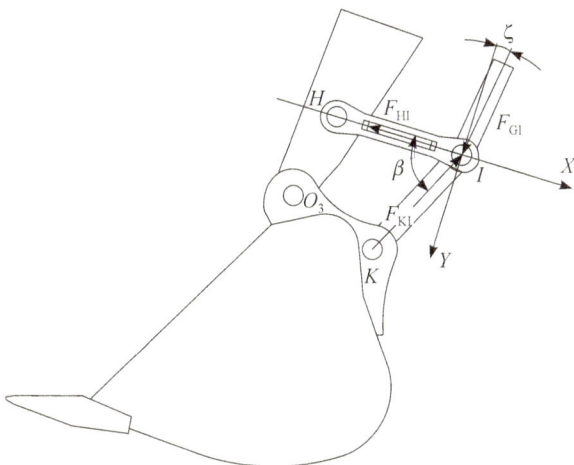

图 2.8　铲斗局部坐标系

当挖掘机工作时，齿侧会受到大小不均匀的侧向力，方向垂直于典型作业姿态中的 XOY 平面。挖掘机转台制动力矩和铲斗斗齿尖距回转中心的水平距离会直接影响侧向力 F_z 大小，其相互关系如式(2.13)所示。

$$F_z = \frac{M_B}{R_L} \tag{2.13}$$

式中：R_L 为铲斗斗齿尖距回转中心的水平距离；M_B 为转台制动力矩。

试验样机(挖掘机)转台采用液压制动，转台制动力矩 M_B 如式(2.14)所示。

$$M_B = 0.5 \sim 0.7 M_\tau \tag{2.14}$$

式中：M_τ 为履带式挖掘机的地面附着力矩，其大小如式(2.15)所示。

$$M_\tau = 4910 \cdot \tau \cdot \sqrt[3]{m^4} \tag{2.15}$$

式中：m 为整机重量；τ 为地面附着系数，一般取 0.5。

通过以上分析，可计算出试验样机(挖掘机)在三种典型作业姿态下的连杆力、铲斗侧向力，如表 2.4 所示。

表 2.4　试验样机(挖掘机)三种典型作业姿态下的连杆力与侧向力

典型作业姿态	铲斗油缸与摇臂夹角 ζ	摇臂与连杆夹角 β	连杆力 F_{KI}/kN	铲斗侧向力 F_z/kN
姿态一	119.61°	57.65°	817.21	83.29
姿态二	83.92°	76.58°	810.20	68.20
姿态三	107.01°	64.43°	841.71	34.10

取挖掘机铲斗作为隔离体，进行受力分析，如图 2.9 所示。

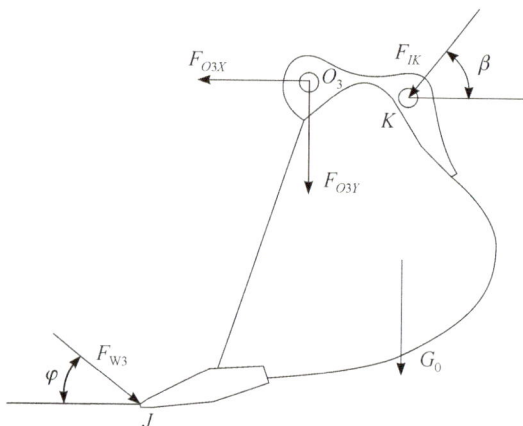

图 2.9　挖掘机铲斗受力分析

在 X 和 Y 方向上分别列出力矩平衡方程，如式(2.16)所示。

$$\begin{cases} F_W \cos\varphi - F_{O3X} - F_{IK}\cos\beta = 0 \\ F_W \sin\varphi - F_{O3Y} - F_{IK}\sin\beta = 0 \end{cases} \tag{2.16}$$

在典型作业姿态下，确定了最大挖掘阻力及其与水平方向的夹角，并计算得到连杆力之后，铲斗与斗杆的铰接点力 F_{O3X} 和 F_{O3Y} 就可由式(2.16)求得。计算出的连杆力 F_{IK} 和铰点力 F_{O3X}、F_{O3Y} 就可作为后续载荷测试传感器设计的依据。

同理，通过试验测得连杆力 F_{IK} 和铰点力 F_{OX}、F_{OY}，即可获得铲斗与作业介质之间的作业阻力。因此，在载荷测试中，通常选择连杆力和铲斗与斗杆的铰点力作为载荷测试参数，设计对应的测试传感器。

本节介绍了试验样机(挖掘机)工作装置的结构组成、技术参数和材料参数；分析了油缸大小、整机重量、各部件中心位置、挖掘机与地面附着力以及整机稳定性等因素与挖掘机最大挖掘力的关系，分别计算了上述 6 种因素下的挖掘机铲斗最大挖掘力；选择了 3 种典型作业姿态进行挖掘阻力与铰点力关系分析，分别计算了挖掘阻力、铲斗和斗杆铰点力、连杆力的大小，确定了载荷测试的测试参数，为后续载荷测试传感器的设计以及测试试验方案的制定提供了参考依据。

2.2　传感器设计原理

在 2.1 节中根据挖掘机挖掘阻力与铰点力的关系分析，确定了铲斗与斗杆铰点力、连杆力为铲斗载荷测试参数。据此，本节设计了销轴力传感器，测试铲斗与斗杆铰点力；设计了连杆力传感器，测试连杆力。

2.2.1   销轴力传感器

铲斗与斗杆铰点力可以分为销轴承受的径向力和侧向力，将原有挖掘机铲斗与斗杆的铰接点单个长销轴改为左、右两个短销轴，在销轴上设计应变桥路，就可使其成为销轴力传感器。销轴力传感器分为末端固定段、径向力受力段以及侧向力受力段，销轴力传感器各段功能如图 2.10 所示。

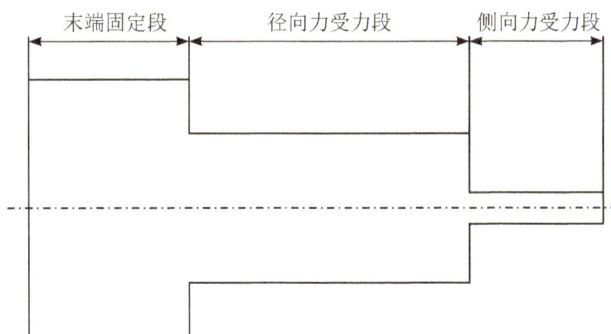

图 2.10   销轴力传感器各段功能

测量径向力和侧向力的销轴力传感器应变片布置如图 2.11 所示。

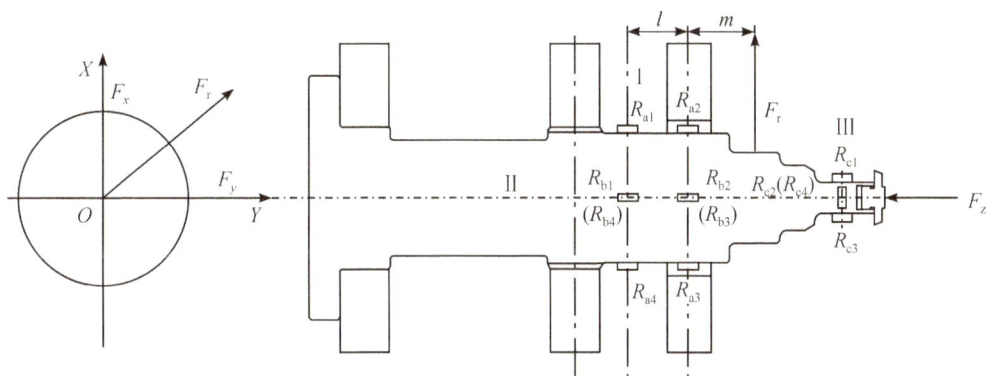

图 2.11   销轴力传感器应变片布置

从图 2.11 中可看出，销轴力传感器上布置了三组应变片，电阻式应变片的规格如表 2.5 所示。

表 2.5   电阻式应变片规格

型　号	电　阻	灵敏系数	栅长×栅宽
BX120-2AA	$120.4 \pm 0.1\ \Omega$	$2.08 \pm 1\%$	$2 \times 1\ mm^2$

第一组应变片 R_{a1}、R_{a2}、R_{a3}、R_{a4} 分布在 I 剖面上，第二组应变片 R_{b1}、R_{b2}、R_{b3}、R_{b4} 分布在 II 剖面上，第三组应变片 R_{c1}、R_{c2}、R_{c3}、R_{c4} 位于轴向力受力端 III 截面上。

应变片 R_{a1} 和 R_{a2} 的中心距离为 l，径向力 F_r 与应变片 R_{a2} 之间的距离为 m。由图 2.11 可知距离 m 的大小是变化的，可用惠斯通原理来消除距离 m 的变化对径向力测量带来的影响，各组应变片的连接均采用全桥式，测量应变桥路如图 2.12 所示。

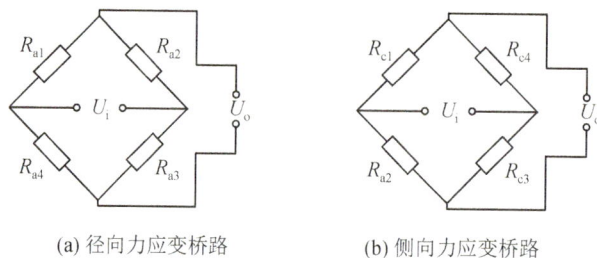

(a) 径向力应变桥路　　　　　(b) 侧向力应变桥路

图 2.12　测量应变桥路

第二组应变片的测量结果可以弥补第一组垂直方向的应变测量值，分别记作 X 方向测量值和 Y 方向的测量值，第三组应变片测量侧向力对销轴力传感器的影响，记作 Z 方向的测量值。径向力 F_r 在坐标系 XOY 的 X 轴和 Y 轴方向的分量分别记作 F_x 和 F_y，侧向力记作 F_z。记电路输入电压为 U_i，输出电压为 U_o，在测量径向力时，电压比 $U_R = U_o/U_i$，单位为 mV/V。全桥电阻式应变测量的桥路电压比如式（2.17）所示。

$$U_R = \frac{1}{4} K\varepsilon = 0.25K(\varepsilon_{a1} - \varepsilon_{a2} + \varepsilon_{a3} - \varepsilon_{a4}) \tag{2.17}$$

式中：K 为电阻式应变片的灵敏度系数；ε 为全桥电路测量出的应变值；ε_{a1}、ε_{a2}、ε_{a3}、ε_{a4} 分别为应变片 R_{a1}、R_{a2}、R_{a3}、R_{a4} 的应变值。

当销轴力传感器受到载荷作用时，会发生弯曲变形，应变片的应变值也会随之发生变化。应变片 R_{a1} 与 R_{a4} 在相对于销轴力传感器中心平面的对立侧，二者的测量值是一对大小相等、互为正负的数值。应变片 R_{a2} 与 R_{a3} 亦是如此。在图 2.12(a) 的连接方式下，应变片的应变值如式（2.18）和式（2.19）所示。

$$\varepsilon_{a1} = -\varepsilon_{a4} = \frac{l+m}{EW_Z} \cdot F_r \tag{2.18}$$

$$\varepsilon_{a2} = -\varepsilon_{a3} = \frac{m}{EW_Z} \cdot F_r \tag{2.19}$$

式中：E 为销轴力传感器的弹性模量，W_Z 为销轴力传感器的抗弯截面系数。

将式（2.18）和式（2.19）代入式（2.17），得到的销轴力传感器径向力与电压比的关系如式（2.20）所示。

$$U_R = \frac{K \cdot l}{2EW_Z} \cdot F_r \tag{2.20}$$

从式（2.20）可以看出，惠斯通电桥可以完全消除径向力的作用位置对测量结果的影响。

在测量侧向力时，电压比 $U_c = U_o/U_i$，单位为 mV/V。全桥电阻式应变测量的桥路电压比如式（2.21）所示。

$$U_c = \frac{1}{4}K\varepsilon = 0.25K(\varepsilon_{c1} - \varepsilon_{c2} + \varepsilon_{c3} - \varepsilon_{c4}) \tag{2.21}$$

式中：ε_{c1}、ε_{c2}、ε_{c3}、ε_{c4} 分别为应变片 R_{c1}、R_{c2}、R_{c3}、R_{c4} 的应变值。

在图 2.12(b)的连接方式下，应变片的应变值如式(2.22)和式(2.23)所示。

$$\varepsilon_{c1} = \varepsilon_{c3} = \frac{1}{E \cdot S_c} \cdot F_z \tag{2.22}$$

$$\varepsilon_{c2} = \varepsilon_{c4} = \frac{\mu}{E \cdot S_c} \cdot F_z \tag{2.23}$$

式中：S_c 为侧向力受力段销轴的横截面面积；μ 为销轴力传感器的泊松比。

将式(2.22)和式(2.23)代入式(2.21)，得到的销轴力传感器侧向力与电压比的关系如式(2.24)所示。

$$U_c = \frac{(1+\mu)K}{2E \cdot S} \cdot F_z \tag{2.24}$$

销轴力传感器的安装示意图如图 2.13 所示。

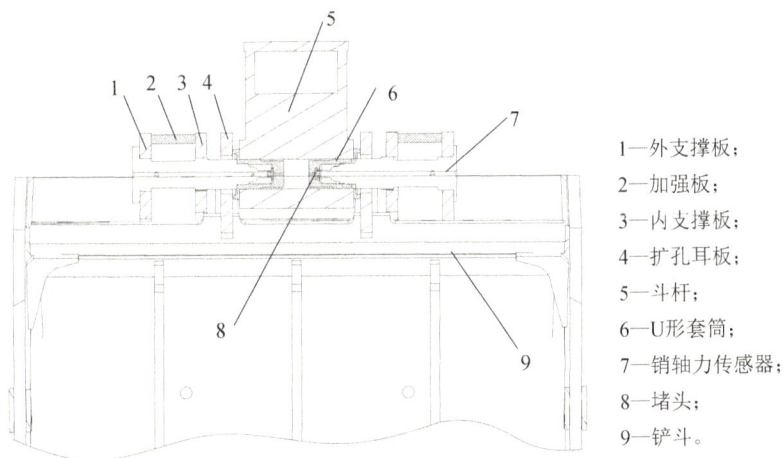

1—外支撑板；
2—加强板；
3—内支撑板；
4—扩孔耳板；
5—斗杆；
6—U形套筒；
7—销轴力传感器；
8—堵头；
9—铲斗。

图 2.13　销轴力传感器的安装示意图

销轴力传感器的末端由螺栓固定在传感器的固定支座上，其前端为了保护侧向力受力端不直接受到侧向力的作用，使用 U 形套筒进行保护。将销轴力传感器做成空心轴，可防止销轴力传感器上的线路影响其安装使用，方便线路的合理规划，增加销轴的抗弯截面系数。

2.2.2　连杆力传感器

挖掘机连杆在工作时受到拉力和压力，将原有连杆设计成左、右两个连杆力传感器。连杆力传感器截面为简单的矩形结构，可视其为二力杆结构。以驾驶员面向方向为前方向区分左、右，连杆力传感器的安装示意图如图 2.14 所示。连杆力传感器应变片布置如图 2.15 所示。连杆力传感器应变桥路如图 2.16 所示。

1—左连杆；
2—摇杆；
3—销轴；
4—右连杆；
5—套筒；
6—铲斗。

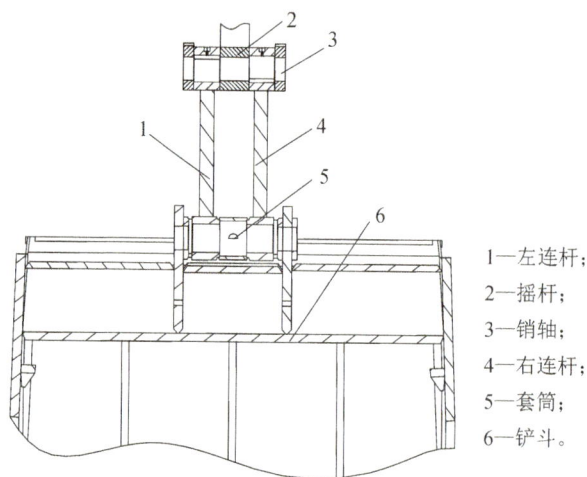

图 2.14 连杆力传感器的安装示意图

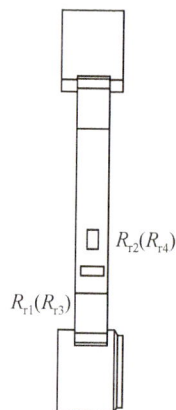

图 2.15 连杆力传感器应变片布置

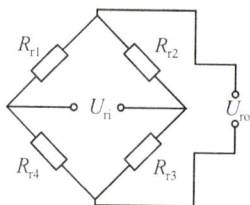

图 2.16 连杆力传感器应变桥路

以右侧连杆为例，应变片 R_{r1} 和 R_{r2} 互相垂直布置，在 R_{r1} 与 R_{r2} 的对立面布置 R_{r3} 与 R_{r4}。在测量连杆力时，电压比 $U_r = U_{ro}/U_{ri}$，单位为 mV/V。全桥电阻式应变测量的桥路电压比如式(2.25)所示。

$$U_r = \frac{1}{4}K\varepsilon = 0.25K(\varepsilon_{r1} - \varepsilon_{r2} + \varepsilon_{r3} - \varepsilon_{r4}) \tag{2.25}$$

式中：ε_{r1}、ε_{r2}、ε_{r3}、ε_{r4} 分别为应变片 R_{r1}、R_{r2}、R_{r3}、R_{r4} 的应变值。在图 2.16 的连接方式下，各应变片的应变值分别如式(2.26)和式(2.27)所示。

$$\varepsilon_{r1} = \varepsilon_{r3} = \frac{1}{E \cdot S_r} \cdot F_{IKr} \tag{2.26}$$

$$\varepsilon_{r2} = \varepsilon_{r4} = \frac{\mu_r}{E \cdot S_r} \cdot F_{IKr} \tag{2.27}$$

式中：S_r 为连杆的横截面面积；μ_r 为连杆力传感器的泊松比；F_{IKr} 为连杆力。

将式(2.26)和式(2.27)带入式(2.25)，得到的连杆力与电压比的关系如式(2.28)所示。

$$U_r = \frac{(1 + \mu_r)K}{2E \cdot S_r} \cdot F_{IKr} \tag{2.28}$$

2.3　传感器结构设计

2.3.1　传感器结构参数

根据对作业阻力的计算分析，可以得到销轴力传感器径向力的最大值为 $F_r =$ 909 kN，铲斗所受最大侧向力为 $F_z = 83.29$ kN。以右销轴力传感器设计计算为例，销轴力传感器径向力受力段受力大小为 $F_r = 909$ kN。

根据试验样机(挖掘机)铲斗与斗杆销轴的结构尺寸，取销轴力传感器径向力受力段的直径 $D_1 = 100$ mm，当差动桥输出为 300 MPa 时，销轴力传感器的抗弯截面系数如式(2.29)所示。

$$W_Z = \frac{\pi D_1^3}{32} = 98\ 174.77\ \text{mm}^3 \tag{2.29}$$

两组应变片的轴向中心距离如式(2.30)所示。

$$l \geqslant \frac{\sigma W_Z}{F_{O3r}} = 32.4\ \text{mm} \tag{2.30}$$

取测量段长度 $l = 40$ mm，则最大扭矩如式(2.31)所示。

$$M_{\max} = F_{O3r} \cdot l = 36\ 360\ \text{N} \cdot \text{m} \tag{2.31}$$

由弯曲正应力强度条件可得最大应力如式(2.32)所示。

$$\sigma_{2\max} = \frac{M_{\max}}{W_Z} = 370\ \text{MPa} \tag{2.32}$$

如材料选取 40Cr 淬火处理，其许用应力 $[\sigma] = 785$ MPa。则安全系数 n 如式(2.33)所示。

$$n = \frac{[\sigma]}{\sigma_{2\max}} = 2.12 \tag{2.33}$$

也就是说，销轴力传感器径向力受力段直径 $D_1 = 100$ mm，两组应变片轴向中心距离 $l = 40$ mm，符合安全设计要求。

在进行载荷测试时，对桥路的激励电压为 5 V，即电桥输入电压 U_i 为 5 V，则电桥的输出电压如式(2.34)所示。

$$U_o = \frac{K \cdot l}{2E \cdot W_Z} \cdot F_r \cdot U_i = 1.87\ \text{mV} \tag{2.34}$$

销轴力传感器侧向力最大值为 $F_{z\max} = F_z = 83.29$ kN，每个应变片输出的应变为

$\varepsilon = 1000\ \mu\varepsilon$，则侧向力受力段销轴的横截面面积如式(2.35)所示。

$$S_c = \frac{F_{zmax}}{E \cdot \varepsilon} = 416.45\ \text{mm}^2 \tag{2.35}$$

若取销轴的侧向力受力段横截面面积 $S_c = 2000\ \text{mm}^2$，为方便侧向力测试端的连接线外接，销轴力传感器设计为中空式，相应增加了贴片的外表面积。故可取销轴力传感器的侧向力受力段外径 $D = 50\ \text{mm}$，内径 $d = 16\ \text{mm}$。左、右两侧的销轴力传感器结构参数完全相同。

连杆力传感器的设计，继承原连杆的两端孔径以及孔径间距大小，仅改变中间腹板横截面面积。已知挖掘机连杆最大受力 $F_{IK max} = 841.7\ \text{kN}$。以右侧连杆力传感器设计为例，测量最小受力为 $F_{IKr} = 1/2F_{IK} = 405.1\ \text{kN}$，输出应变 $\varepsilon = 600\ \mu\varepsilon$ 的拉压力传感器。连杆力传感器的横截面面积 S_1 如式(2.36)所示。

$$S_1 \geqslant \frac{F_{IKr}}{\varepsilon E} = \frac{405.1 \times 10^3}{600 \times 10^{-6} \times 206 \times 10^9} = 3277\ \text{mm}^2 \tag{2.36}$$

故连杆力传感器横截面面积 S_1 可取 $3600\ \text{mm}^2$。

若传感器采用 35 号钢，其许用应力 $[\sigma] = 314\ \text{MPa}$，则连杆所受最大应力如式(2.37)所示。

$$\sigma_{1max} = \frac{0.5F_{IK max}}{S_1} = \frac{420.85 \times 10^3}{3600 \times 10^{-6}} = 116.9\ \text{MPa} \leqslant [\sigma] \tag{2.37}$$

式(2.37)说明设计的连杆力传感器结构尺寸具有较高的安全裕度。

2.3.2　传感器强度校核

根据挖掘机整机重量和结构参数，由前文可确定不同作业姿态下的挖掘阻力和铰点力如表 2.6 所示，表 2.6 中的力为挖掘机极限挖掘力。

表 2.6　不同作业姿态下挖掘阻力和铰点力

典型作业姿态	姿态一	姿态二	姿态三
F_{Wmax}	290 kN	265 kN	218 kN
F_{Omax}	837 kN	893 kN	909 kN

销轴力传感器选择材料为 Q355，其弹性模量为 206 GPa，泊松比为 0.3。利用 Workbench 对销轴力传感器进行 0.1 mm 的自由网格划分，由此得出的销轴力传感器主体结构的有限元网格模型如图 2.17 所示，共有 76 679 个节点，51 818 个单元。

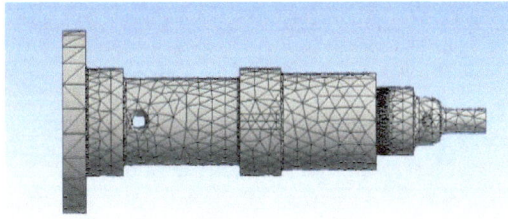

图 2.17　销轴力传感器主体结构的有限元网格模型

在销轴力传感器径向力受力段分别施加表 2.6 中的力值，并在末端固定段添加位置约束，各典型作业姿态下销轴力传感器应力云图如图 2.18 所示。

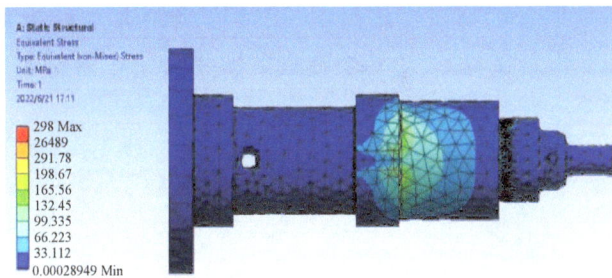

(a) 姿态一

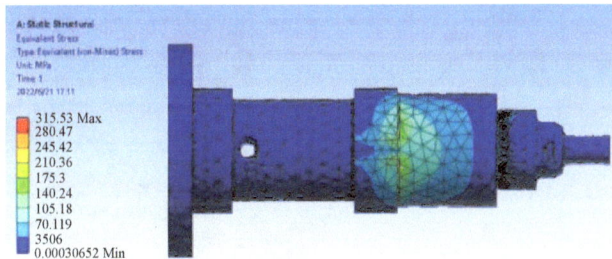

(b) 姿态二

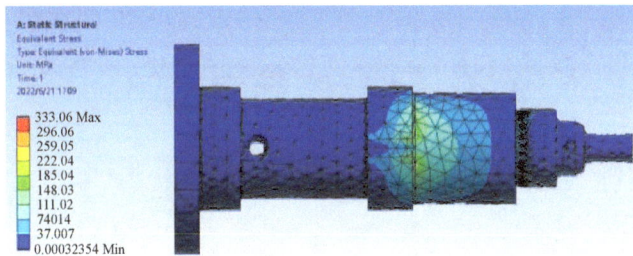

(c) 姿态三

图 2.18　典型作业姿态下销轴力传感器应力云图

由图 2.18 可以得到 3 种典型作业姿态下销轴力传感器的应力分布状况,如表 2.7 所示。

表 2.7　3 种典型作业姿态下销轴力传感器的应力分布状况

典型作业姿态	最大应力值/MPa	最大应力位置
姿态一	298	传感器径向力受力段
姿态二	315.53	传感器径向力受力段
姿态三	333.06	传感器径向力受力段

通过应力分布状况表可以看出,销轴力传感器整体结构设计合理,并且 3 种典型作业姿态下最大应力值均低于销轴力传感器本身材料屈服极限。基于有限元分析的结构强度校核结果说明本章设计的销轴力传感器满足机械设计基本要求,制造出的销轴力传感器和连杆力传感器如图 2.19 所示。

(a) 销轴力传感器　　　　　　　　(b) 连杆力传感器

图 2.19　传感器实物图

2.4　传感器标定试验

2.4.1　销轴力传感器

对销轴力传感器径向力和侧向力进行试验标定,首先要设计销轴力传感器标定试验工装,如图 2.20 所示。

径向力 F_r

侧向力 F_z

Y

X

1　　　　　　2　　　　　3

(a)　　　　　　　　　　　　　　　(b)

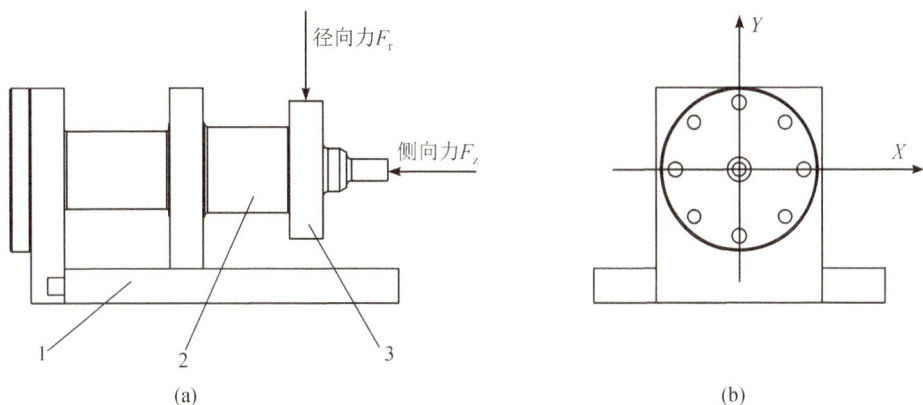

1—销轴力传感器安装座；2—销轴力传感器；3—受力板。

图 2.20　销轴力传感器标定试验工装

　　用 50 t 电液伺服疲劳试验机和 10 t 电子拉压试验机，分别对销轴力传感器的径向力和侧向力进行标定试验，其试验现场图片如图 2.21 所示。

(a) 径向力标定试验　　　　　　　　　　(b) 侧向力标定试验

图 2.21　销轴力传感器标定试验现场

　　将铲斗与斗杆铰接点处左侧和右侧销轴分别定义为 A 轴和 B 轴。标定时，在径向力和侧向力方向分别施加外载荷，采用 DEWE-SIRIUS 数据采集仪进行应变测量，记录桥路应变输出结果，多次重复标定，最后计算均值。

　　销轴力传感器 X 和 Y 方向径向力标定试验数据如表 2.8 所示，其中，应变的单位为 $\mu\varepsilon$。

表 2.8　销轴力传感器 X 和 Y 方向径向力标定试验数据

销轴	外载荷/kN	应变 1	应变 2	应变 3	应变 4	应变 5	应变 6	均值
A-X	0	0	0	0	0	0	0	0
	50	365	363	365	365	366	366	364.8
	100	715	709	716	712	716	713	713.5
	150	1042	1035	1050	1042	1053	1045	1045
	200	1358	1348	1368	1358	1367	1360	1360
	250	1663	1661	1676	1669	1678	1672	1670
	300	1972	1972	1983	1983	1984	1984	1980
B-X	0	0	0	0	0	0	0	0
	50	359	358	359	357	360	358	358.5
	100	702	702	702	701	705	702	702.3
	150	1033	1032	1034	1031	1037	1032	1033
	200	1353	1353	1355	1352	1359	1354	1354
	250	1670	1672	1672	1673	1678	1675	1673
	300	1994	1994	1993	1993	1996	1996	1994
A-Y	0	0	0	0	0	0	0	0
	50	310	312	353	355	352	353	339.2
	100	655	650	694	691	694	690	679
	150	987	976	1022	1016	1020	1014	1006
	200	1305	1291	1337	1328	1335	1328	1321
	250	1614	1602	1644	1638	1641	1638	1630
	300	1918	1911	1945	1945	1949	1949	1936
B-Y	0	0	0	0	0	0	0	0
	50	346	360	362	358	358	355	356.5
	100	693	691	692	689	687	688	690
	150	1012	1007	1009	1006	1007	1004	1008
	200	1322	1321	1320	1316	1319	1315	1319
	250	1631	1630	1631	1628	1629	1627	1629
	300	1942	1942	1941	1941	1940	1940	1941

　　根据表 2.8 中的标定试验均值，可绘制出销轴力传感器 A 和 B 在分别受 X 和 Y 方向外力作用时，电桥输出应变值与载荷之间的关系图分别如图 2.22 和图 2.23 所示。

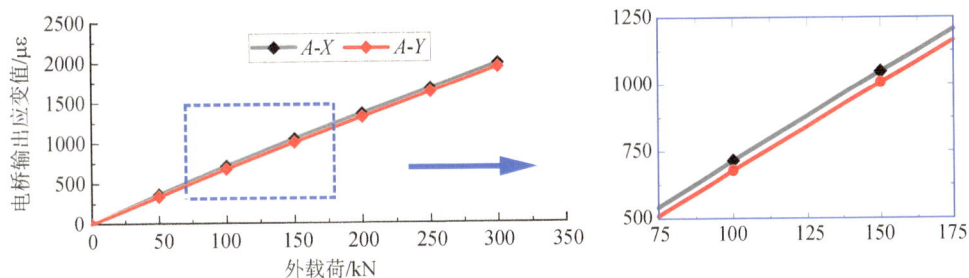

图 2.22　销轴力传感器 A 的 X 和 Y 方向标定结果线性拟合图

注：右侧图是左侧图中虚线框内部分的放大图。

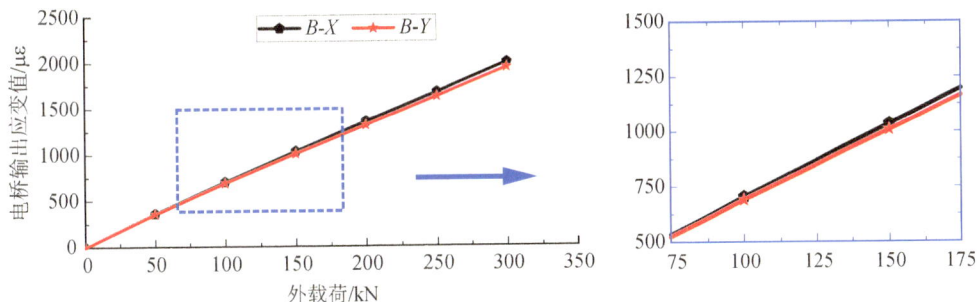

图 2.23　销轴力传感器 B 的 X 和 Y 方向标定结果线性拟合图

注：右侧图是左侧图中虚线框内部分的放大图。

销轴力传感器侧向力 Z 向标定试验数据如表 2.9 所示，其中，应变的单位为 $\mu\varepsilon$。

表 2.9　销轴力传感器侧向力 Z 向标定试验数据

销轴	外载荷/kN	应变 1	应变 2	应变 3	应变 4	应变 5	应变 6	均值
	0	0	0	0	0	0	0	0
	10	−662	−726	−666	−724	−669	−725	−695
	20	−1310	−1385	−1314	−1414	−1318	−1410	−1359
A-Z	30	−1936	−2062	−1940	−2060	−1944	−2057	−2000
	40	−2550	−2660	−2552	−2656	−2558	−2652	−2605
	50	−3159	−3227	−3156	−3223	−3158	−3219	−3190
	60	−3767	−3767	−3763	−3763	−3761	−3761	−3764
	0	0	0	0	0	0	0	0
	10	−549	−700	−540	−673	−540	−665	−611
	20	−1151	−1311	−1140	−1280	−1139	−1272	−1216
B-Z	30	−1729	−1876	−1713	−1843	−1709	−1831	−1784
	40	−2293	−2413	−2273	−2379	−2271	−2390	−2336
	50	−2857	−2926	−2832	−2890	−2827	−2877	−2868
	60	−3415	−3415	−3378	−3378	−3365	−3365	−3386

根据表 2.9 中的标定试验均值，可绘制出销轴力传感器 A 和 B 在受 Z 方向的侧向力作用时，电桥输出应变值与外载荷之间的关系图如图 2.24 所示。

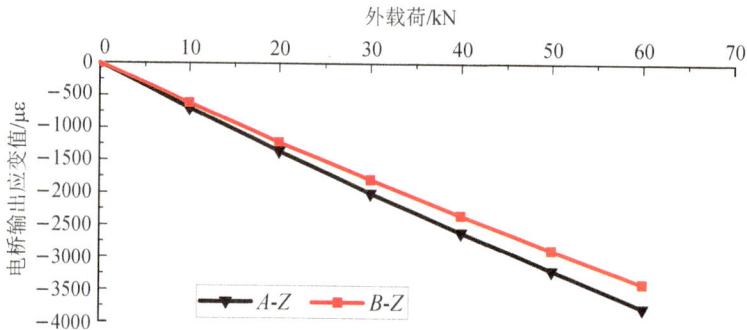

图 2.24 销轴力传感器 A 和 B 的 Z 方向标定结果线性拟合图

由图 2.22、图 2.23 和图 2.24 可知，销轴力传感器所受单方向外载荷与对应电桥输出的应变值之间呈确定的线性关系。通过最小二乘法拟合标定试验均值，可得到销轴力传感器所受单向外载荷与对应应变值之间的函数关系。销轴 A 在三个方向的力标定函数分别如式(2.38)、式(2.39)和式(2.40)所示。

$$F_{Ax} = 0.149\,3\varepsilon_{Ax} - 0.962\,5, \quad R^2_{Ax} = 0.998\,97 \tag{2.38}$$

$$F_{Ay} = 0.152\,1\varepsilon_{Ay} + 0.784\,1, \quad R^2_{Ay} = 0.999\,51 \tag{2.39}$$

$$F_{Az} = 0.015\,94\varepsilon_{Az} + 0.997\,8, \quad R^2_{Az} = 0.998\,74 \tag{2.40}$$

销轴 B 在三个方向的力标定函数分别如式(2.41)、式(2.42)和式(2.43)所示。

$$F_{Bx} = 0.149\,1\varepsilon_{Bx} - 0.556\,4, \quad R^2_{Bx} = 0.999\,53 \tag{2.41}$$

$$F_{By} = 0.154\,5\varepsilon_{By} - 2.262, \quad R^2_{By} = 0.999\,39 \tag{2.42}$$

$$F_{Bz} = 0.017\,68\varepsilon_{Bz} + 0.802\,2, \quad R^2_{Bz} = 0.999 \tag{2.43}$$

通过销轴力传感器所受单向外载荷与桥路应变值之间的标定函数，可以将实际载荷测试中测试的销轴力传感器输出应变换算为铲斗与斗杆铰点力。

2.4.2 连杆力传感器

连杆力传感器分为左、右两个，分别记为 LGL 和 LGR。设计的连杆力传感器标定工装由上夹头、顶座夹板、底座夹板、上轴、下轴以及底座组成。连杆力传感器标定试验工装以及标定载荷施加方向如图 2.25 所示。

用 50 t 电液伺服疲劳试验机进行拉、压加载，连杆力传感器标定试验实物图如图 2.26 所示。

连杆力传感器标定试验数据如表 2.10 所示，其中，应变单位为 $\mu\varepsilon$。

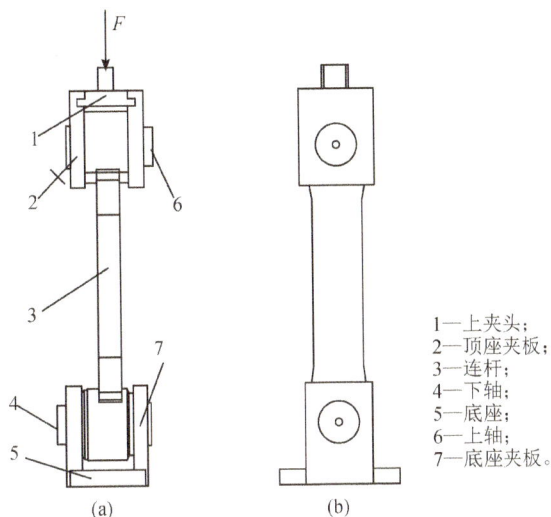

1—上夹头；
2—顶座夹板；
3—连杆；
4—下轴；
5—底座；
6—上轴；
7—底座夹板。

图 2.25　连杆力传感器标定试验工装及标定载荷施加方向示意图

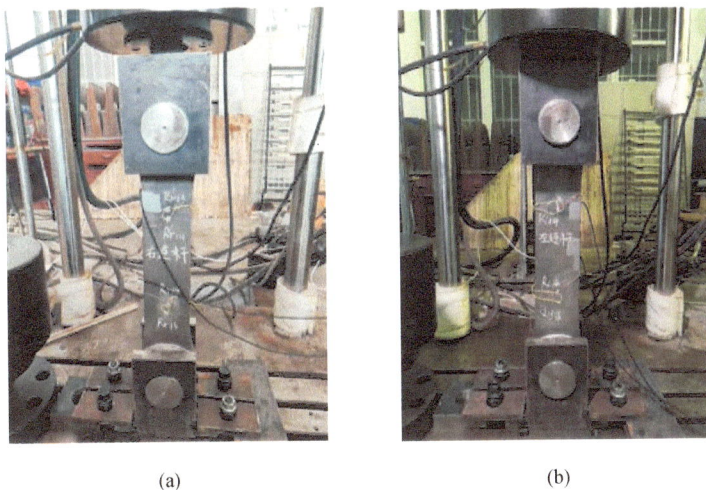

(a)　　　　　　　　　(b)

图 2.26　连杆力传感器标定试验实物图

表 2.10　连杆力传感器标定试验数据

连杆	外载荷	应变 1	应变 2	应变 3	应变 4	应变 5	应变 6	均值
左连杆 LGL	−300	−438	−438	−436	−436	−436	−436	−437
	−250	−363	−361	−362	−360	−360	−359	−361
	−200	−288	−285	−287	−283	−286	−282	−285
	−150	−213	−208	−212	−207	−211	−206	−210
	−100	−139	−132	−136	−131	−135	−130	−134
	−50	−63	−57	−61	−55	−59	−54	−58.2
	0	11.4	18	14.2	19.8	16.1	21	16.75
	50	90	89	93	91	94	93	91.67
	100	166	165	169	167	170	169	167.7
	150	241	241	244	244	246	246	243.7

续表

连杆	外载荷	应变1	应变2	应变3	应变4	应变5	应变6	均值
	-300	-436	-436	-437	-437	-436	-436	-436
	-250	-364	-361	-365	-363	-366	-361	-363
	-200	-293	-288	-293	-289	-294	-288	-291
	-150	-222	-215	-222	-216	-222	-216	-219
右连杆 LGR	-100	-150	-143	-149	-144	-150	-143	-147
	-50	-78	-72	-77	-72	-77	-72	-74.7
	0	-5.5	-1.6	-5.9	-2.9	-4.3	7.8	-2.07
	50	72	67	72	68	71	69	69.83
	100	144	140	143	141	143	141	142
	150	214	213	214	214	214	214	213.8

根据表 2.10 中的标定试验均值，可绘制出左、右两侧连杆力传感器在受外载荷作用时，电桥输出应变值与外载荷之间的关系图如图 2.27 所示。

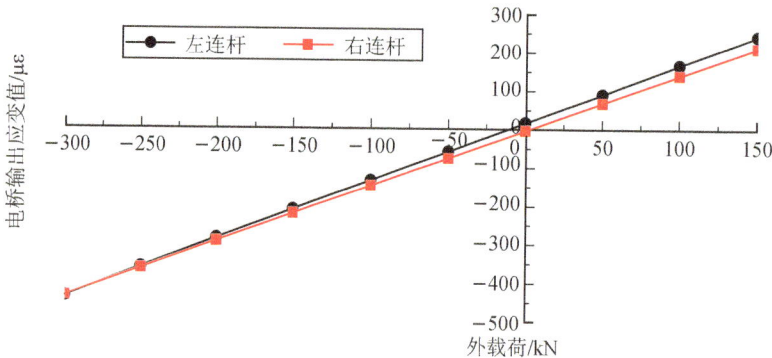

图 2.27　连杆力传感器标定结果线性拟合图

由图 2.27 可知，连杆力传感器所受外载荷与对应电桥输出的应变值之间呈确定的线性关系。通过最小二乘法拟合标定试验均值，可得到连杆力传感器所受外载荷与对应应变值之间的函数关系。左、右两侧连杆力标定函数分别如式(2.44)和式(2.45)所示。

$$F_L = 1.5111\varepsilon_L + 16.794\,73, \quad R_L^2 = 0.9999 \tag{2.44}$$

$$F_R = 1.443\,69\varepsilon_R - 2.437\,27, \quad R_R^2 = 0.9999 \tag{2.45}$$

通过连杆力传感器所受外载荷与桥路应变值之间的标定函数，可以将实际载荷测试中测试的连杆力传感器输出应变换算为连杆力。

本 章 小 结

在分析试验样机结构和作业方式的基础上，进行了典型作业姿态下的理论挖掘阻力计算，为传感器设计计算过程中用到的外载荷提供了选取依据。分析销轴力传感器和连杆力传感器的测试需求，确定了两种类型传感器的基本结构、工作原理和安装位置。基于应变测试的方法，确定了两种类型传感器的应变桥路连接方式。对本章设计的两种传感器结构进行有限元仿真分析，结果表明所设计的传感器结构强度满足设计要求。制作传感器实物，并进行了标定试验，试验结果表明两种传感器能够满足挖掘机工作装置载荷测试的工作需求。

第 3 章

挖掘机铲斗铰接点载荷测试
试验方法研究

3.1 挖掘机典型作业分析

3.1.1 典型作业介质

合理选择作业介质，对于准确获取反映挖掘机实际受力特性的载荷数据至关重要。在载荷测试前，通过对实际使用试验样机的企业用户的调研分析，可确定试验样机(挖掘机)载荷测试试验的典型作业介质及其所占的时间比例，如表 3.1 所示。

表 3.1　试验样机(挖掘机)载荷测试试验典型作业介质及其所占的时间比例

物料类型	代表性物料	物料特征	时间比例
密实物料	原生土	粒度小，质地均匀	14%
大粒度岩石料	大粒度岩石	粒度大，不规则	60%
页岩剥离	黏土类矿物	页状或薄片状层理	26%

本章挖掘机载荷测试试验的样本数目为 200 斗，其中，土方工况为 28 斗，石方工况为 120 斗，页岩剥离工况为 52 斗。该试验模拟实际物料作业场地，在挖掘机试验场进行载荷测试。其中，地面附着系数不小于 0.7，料堆高度不低于 2 m。试验样机(挖掘机)典型作业介质工况如图 3.1 所示。

(a) 土方作业工况　　　　　　(b) 石方作业工况　　　　　　(c) 页岩剥离作业工况

图 3.1　试验样机(挖掘机)典型作业介质工况

3.1.2　典型作业过程

为了保证载荷测试数据的准确性和可复现性，载荷测试试验需要提前确定挖掘作业的作业过程。一个完整的挖掘作业周期通常分为 4 个阶段，分别为物料挖掘段、提升回转段、物料卸载段和空斗行进段，如图 3.2 所示。

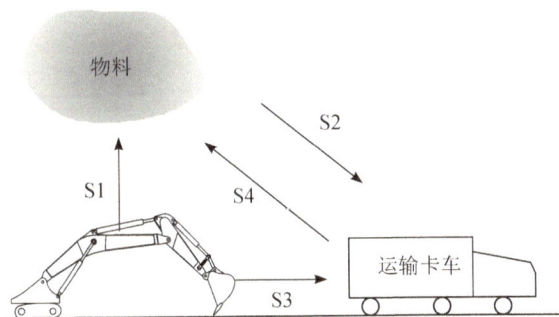

S1—物料挖掘段；S2—提升回转段；S3—物料卸载段；S4—空斗行进段。

图 3.2　挖掘机挖掘作业周期

在物料挖掘阶段，动臂油缸长度基本保持不变，斗杆油缸和铲斗油缸伸长，使铲斗插入物料进行挖掘工作。

在提升回转阶段，伸长动臂油缸使工作装置重心整体上升，物料被抬起，同时斗杆油缸有所伸长以保持物料不洒出，铲斗油缸长度保持不变，转动挖掘机回转平台，使铲斗移动到运输卡车的上方。

在物料卸载阶段，动臂油缸的长度略微调整，同时迅速缩短斗杆油缸和铲斗油缸长度，快速卸掉物料。

在空斗行进阶段，动臂油缸和斗杆油缸缩回进行姿态调整，铲斗油缸长度保持不变，工作装置进入下一个挖掘周期。

为了尽可能保证多次测量时外部环境一致，对于试验驾驶员的要求如下：

（1）必须有 10 年以上挖掘机作业经验；

（2）以挖掘效率最高为原则进行挖掘作业。

3.2　载荷测点与载荷测试传感器系统

3.2.1　载荷测点布置

取铲斗作为隔离体，以铲斗与斗杆的铰接点和铲斗与连杆的铰接点的连线为 X_0 方向，Y_0 方向为垂直于 X_0 方向并指向铲斗斗齿尖，建立铲斗局部坐标系。在铲斗局部坐标系下，铲斗斗齿尖力、单一等效外力分别与铰接点力之间的力学关系如图 3.3 所示。

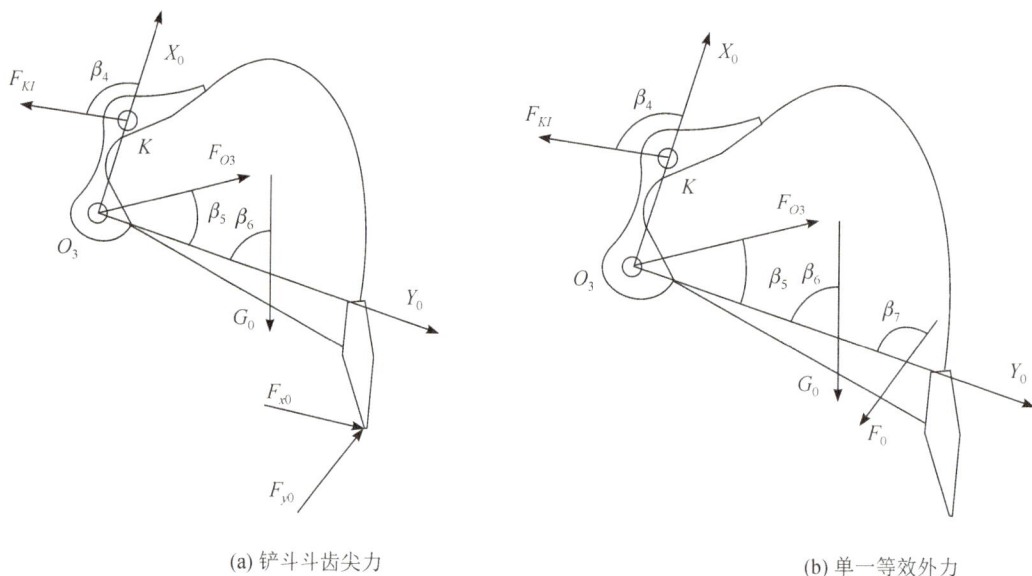

(a) 铲斗斗齿尖力　　　　　　　　　　　　(b) 单一等效外力

图 3.3　铲斗外力与铰接点力示意图

通过销轴力传感器可以获得铰接点 O_3 处的力 F_{O3X} 和 F_{O3Y}，通过连杆力传感器可以获得铰点 K 处的力 F_{KI}。为了确定斗齿尖力或单一等效外力，需要确定夹角 β_4、β_5、β_6、β_7 的数值。由于夹角大小与挖掘机作业姿态有关，因此，需要同时测量动臂油缸、斗杆油缸和铲斗油缸的位移量，以确定挖掘机的作业姿态。为了校核销轴力传感器和连杆力传感器的测量准确性，还要同步测试动臂油缸、斗杆油缸和铲斗油缸的油缸压力变化。

综上所述，试验样机(挖掘机)铲斗载荷测试的测点布置如图 3.4 所示。

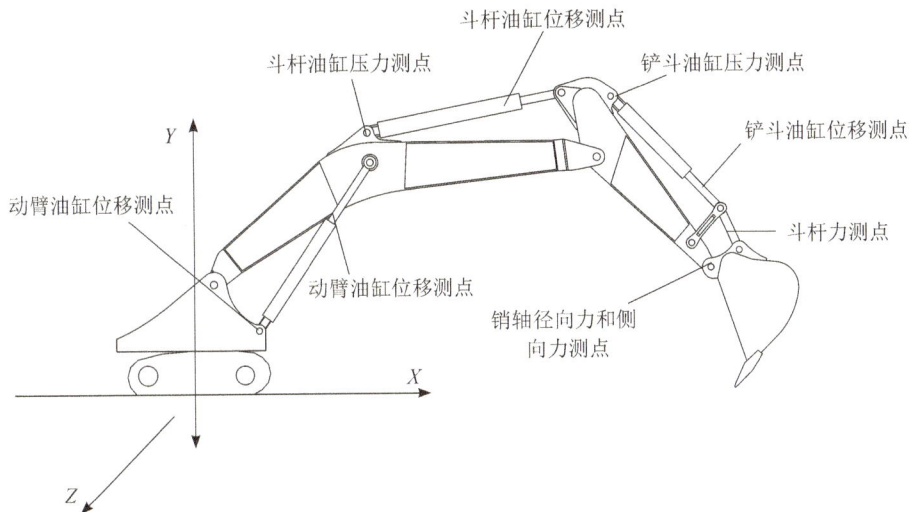

图 3.4 试验样机(挖掘机)铲斗载荷测试测点布置

3.2.2 载荷测试传感器系统

根据挖掘机作业特点，考虑被测参数和被测元件结构，本试验选择的载荷测试传感器信息如表 3.2 所示，形成的工作装置载荷测试系统如图 3.5 所示。

表 3.2 载荷测试传感器信息

序号	名称	型号	厂商	测试参数
1	位移传感器	MPS-XL1500V	米郎科技	铲斗、斗杆、动臂油缸位移
2	压力传感器	PMP 5074	德鲁克	铲斗、斗杆、动臂油缸压力
3	销轴力传感器	—	自制	铲斗与斗杆铰接点径向力、侧向力
4	连杆力传感器	—	自制	铲斗与连杆铰接点力

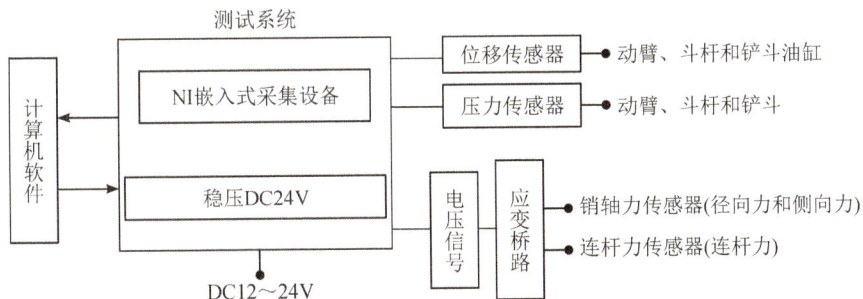

图 3.5 工作装置载荷测试系统

在安装自制的销轴力传感器时，需要对铲斗进行改装，改装必须在不改变铲斗受力的基础上进行。改装前，铲斗与动臂铰接处使用长销轴连接，长销轴固定在铲斗耳板处，防止销轴自转。在这种结构中，铲斗两侧耳板无法固定自主设计的销轴力传感器，因此需要在耳板外侧增加厚度为 20 mm 的传感器安装座。为了增强安装座稳定性，在安装座前、后均焊接了厚度为 10 mm 的加强板。改装前、后的铲斗结构如图 3.6 所示。

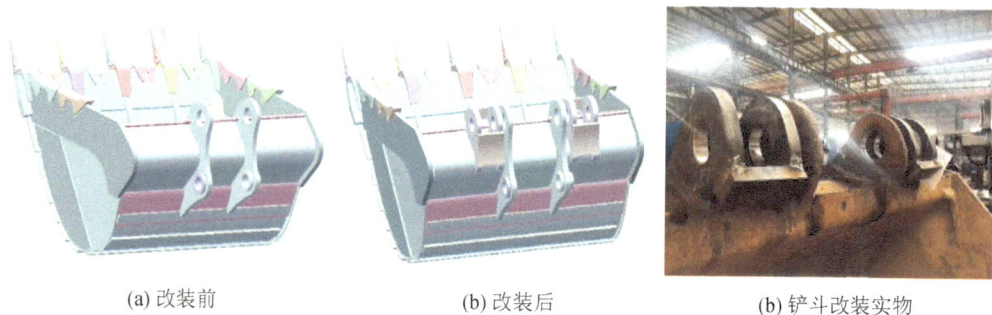

(a) 改装前　　　　　　(b) 改装后　　　　　　(b) 铲斗改装实物

图 3.6　改装前、后的铲斗结构

根据 3.2.1 节中的测点布置方案，将载荷测试传感器安装在挖掘机上，搭建的试验样机（挖掘机）工作装置载荷测试系统如图 3.7 所示。

图 3.7　试验样机（挖掘机）工作装置载荷测试系统

本章载荷测试参数包括 3 组油缸位移数据、8 组电桥输出信号以及 6 个压力传感器输出信号。为了满足多组信号的同步采集，选取 DEWE-501 数据采集仪器，进行多通道数据同步采集，采样频率为 500 Hz。

3.3　试验方案与载荷数据处理

3.3.1　试验方案与载荷数据

挖掘机工作装置载荷测试主要包括挖掘作业阻力分析、传感器设计与标定、测试系统搭建、作业介质分析、作业方式、采样频率等，载荷测试试验流程如图 3.8 所示。

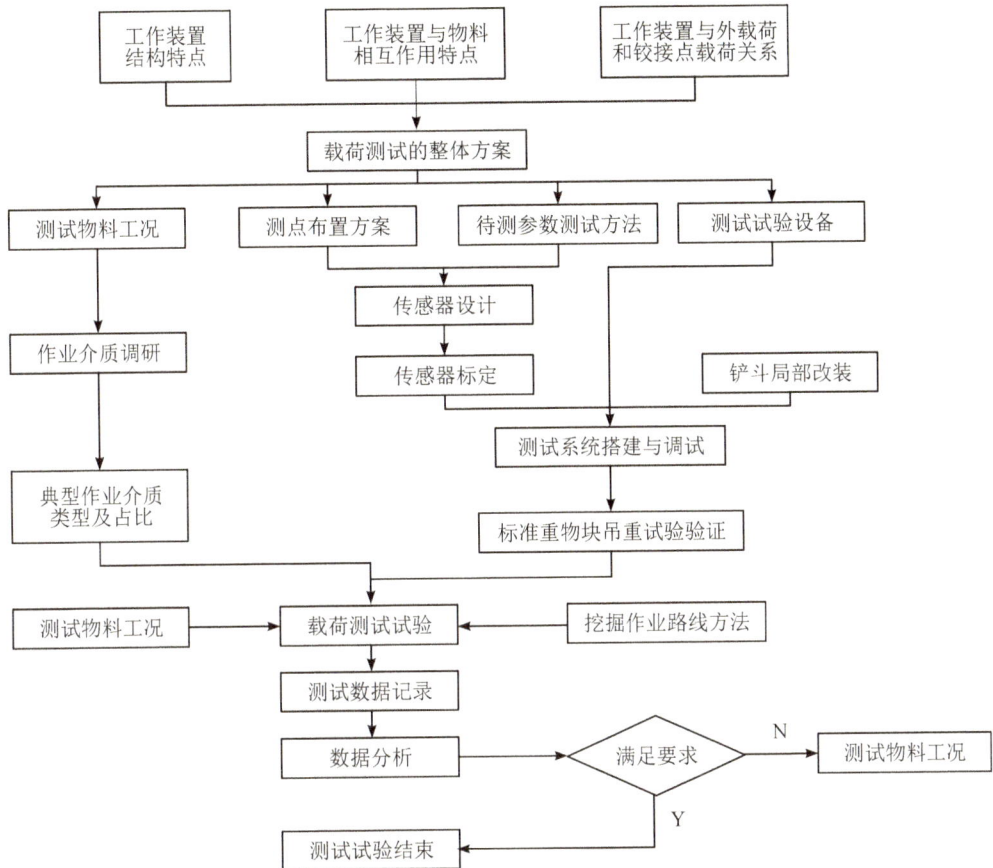

```
┌──────────┐   ┌──────────────┐   ┌──────────────────┐
│工作装置    │   │工作装置与物料  │   │工作装置与外载荷     │
│结构特点    │   │相互作用特点    │   │和铰接点载荷关系     │
└────┬─────┘   └──────┬───────┘   └─────────┬────────┘
     └──────────────────┼──────────────────────┘
              ┌──────────────────┐
              │  载荷测试的整体方案  │
              └─────────┬────────┘
   ┌─────────┬──────────┼──────────┬──────────┐
┌────────┐ ┌────────┐ ┌──────────┐ ┌────────┐
│测试物料工况│ │测点布置方案│ │待测参数测试方法│ │测试试验设备│
└───┬────┘ └───┬────┘ └────┬─────┘ └───┬────┘
    │          │      ┌─────────┐        │
    │          │      │ 传感器设计 │        │
┌────────┐    │      └────┬────┘   ┌──────────┐
│作业介质调研│  │      ┌─────────┐ │ 铲斗局部改装 │
└───┬────┘    │      │ 传感器标定 │ └────┬─────┘
    │          │      └────┬────┘       │
    │          └───────┐  ┌──────────────────┐
┌─────────┐           └──│ 测试系统搭建与调试    │
│典型作业介质│              └────────┬─────────┘
│类型及占比 │              ┌──────────────────┐
└───┬─────┘              │ 标准重物块吊重试验验证 │
    │                    └────────┬─────────┘
┌────────┐  ┌──────────┐  ┌──────────────┐
│测试物料工况│→│ 载荷测试试验 │←│ 挖掘作业路线方法 │
└────────┘  └────┬─────┘  └──────────────┘
            ┌──────────┐
            │ 测试数据记录 │
            └────┬─────┘
            ┌────────┐   ╱╲满足╲      ┌────────┐
            │ 数据分析 │→ ╱  要求  ╲ ─N→│测试物料工况│
            └────────┘   ╲      ╱      └────────┘
                          ╲    ╱
                           Y│
            ┌────────┐      │
            │ 测试试验结束 │←────┘
            └────────┘
```

图 3.8　载荷测试试验流程

　　采用图 3.7 所示的试验样机（挖掘机）工作装置载荷测试系统，按照图 3.8 所示载荷测试试验流程，分别进行土方工况、石方工况和剥离工况的载荷测试，试验现场分别如图 3.9、图 3.10 和图 3.11 所示。

图 3.9　土方工况载荷测试试验

图 3.10　石方工况载荷测试试验

图 3.11　剥离工况载荷测试试验

　　分别将土方工况、石方工况和剥离工况的载荷测试数据结果中的油缸压力根据表 2.2 中油缸基本工作参数换算为油缸力，并将销轴力传感器和连杆力传感器测得的应变信号根据传感器标定函数换算为销轴力和连杆力，由此得到的 3 种作业工况下的载荷测试结果分别如图 3.12、图 3.13 和图 3.14 所示。

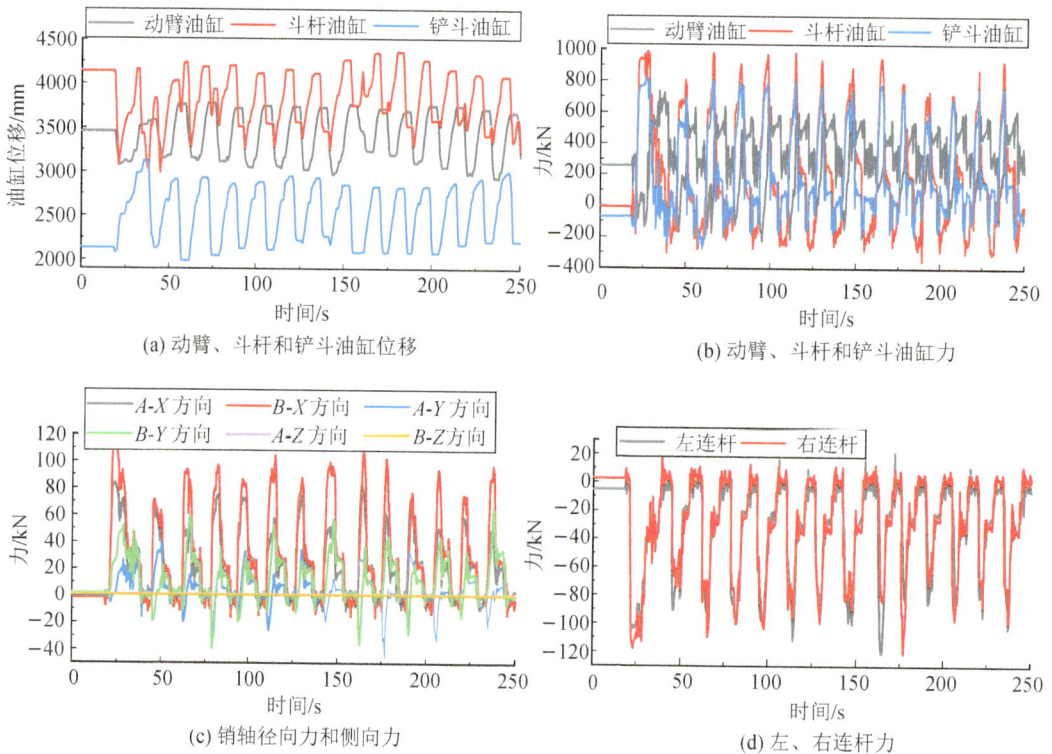

(a) 动臂、斗杆和铲斗油缸位移

(b) 动臂、斗杆和铲斗油缸力

(c) 销轴径向力和侧向力

(d) 左、右连杆力

图 3.12　土方工况载荷测试结果

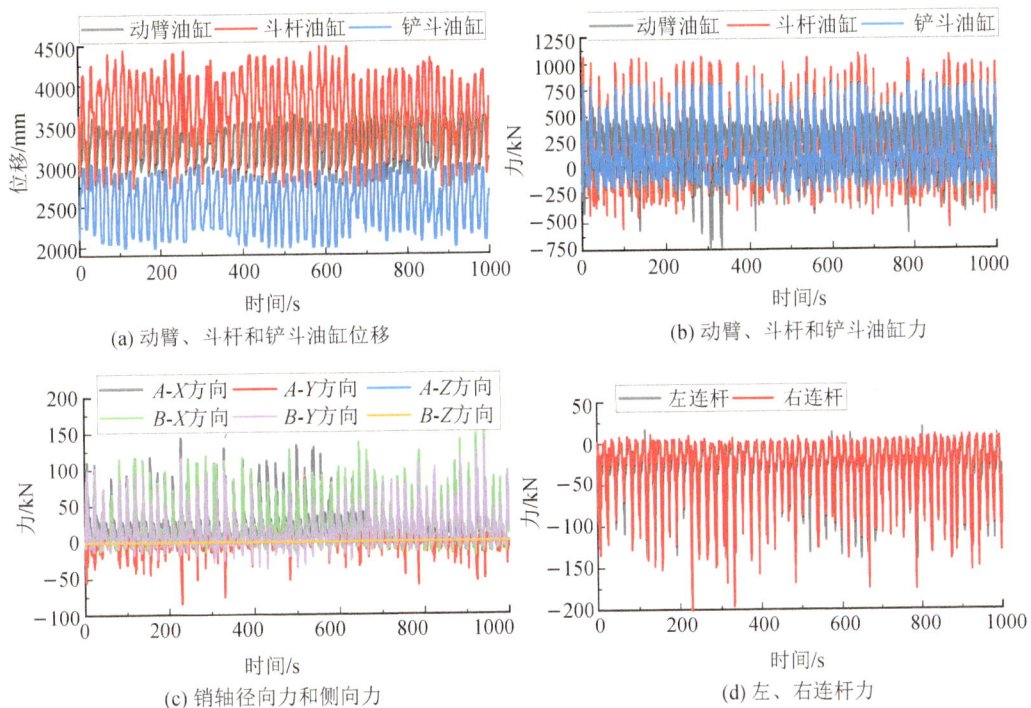

(a) 动臂、斗杆和铲斗油缸位移

(b) 动臂、斗杆和铲斗油缸力

(c) 销轴径向力和侧向力

(d) 左、右连杆力

图 3.13　石方工况载荷测试结果

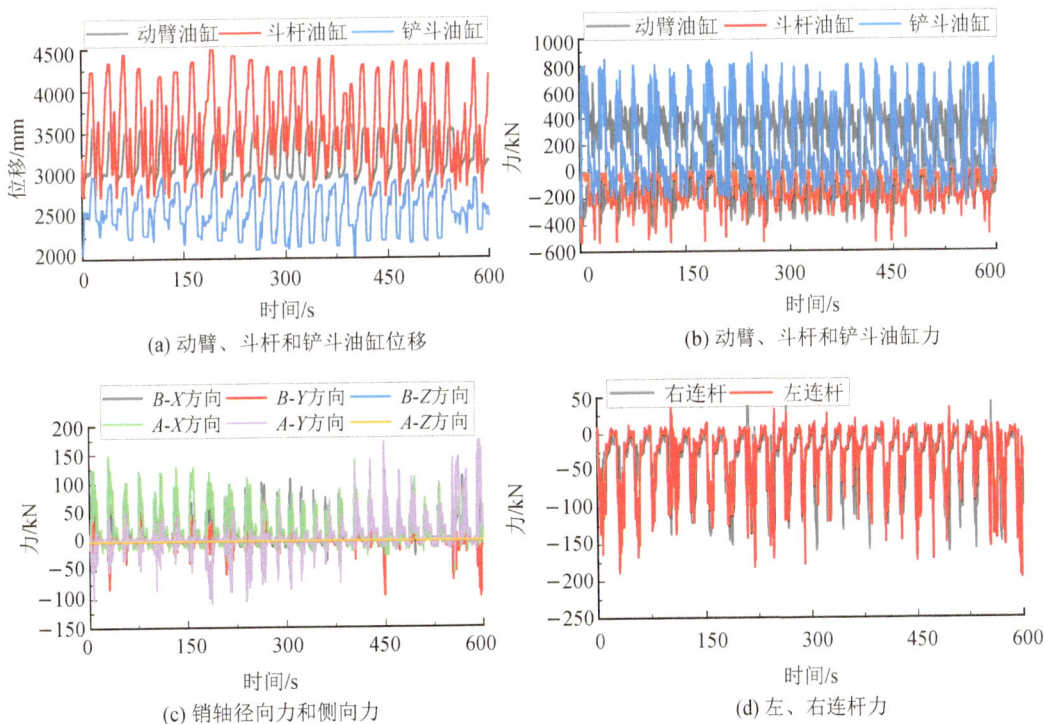

(a) 动臂、斗杆和铲斗油缸位移

(b) 动臂、斗杆和铲斗油缸力

(c) 销轴径向力和侧向力

(d) 左、右连杆力

图 3.14　剥离工况载荷测试结果

3.3.2 载荷数据信号预处理

由于试验样机(挖掘机)工作装置载荷测试是在室外场地和矿山场地进行的，实测载荷信号会受到周围环境的干扰，产生趋势项、奇异值等，导致实测载荷信号失真。只有对实际载荷信号进行趋势项消除、去奇异值和滤波等预处理后，才能获得反映铲斗真实受力规律的载荷数据。

采用最小二乘法，可以有效去除实测信号中的趋势项。实测载荷信号趋势项消除前、后数据对比如图 3.15 所示。

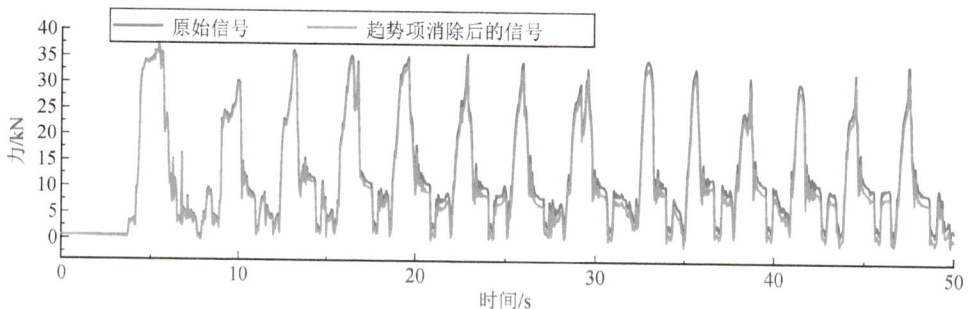

图 3.15　实测载荷信号趋势项消除前、后数据对比

在去除奇异值时，一般先根据经验判断去除明显的奇异值，再使用梯度门限法和标准方差法去除奇异值。实测载荷信号奇异值去除前、后数据对比如图 3.16 所示。

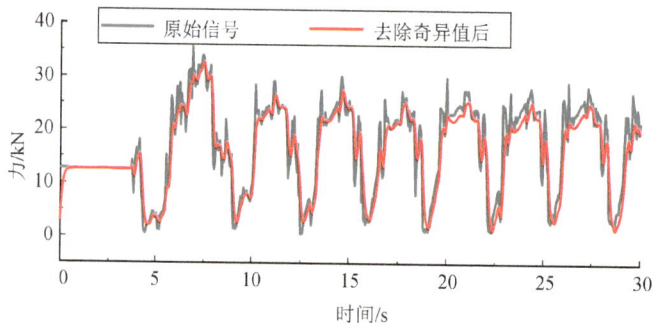

图 3.16　实测载荷信号奇异值去除前、后数据对比

滤波处理不会减少测量数据，采用 20 Hz 低通滤波可去除试验数据中的噪声信号，实测载荷信号低通滤波处理前、后数据对比如图 3.17 所示。

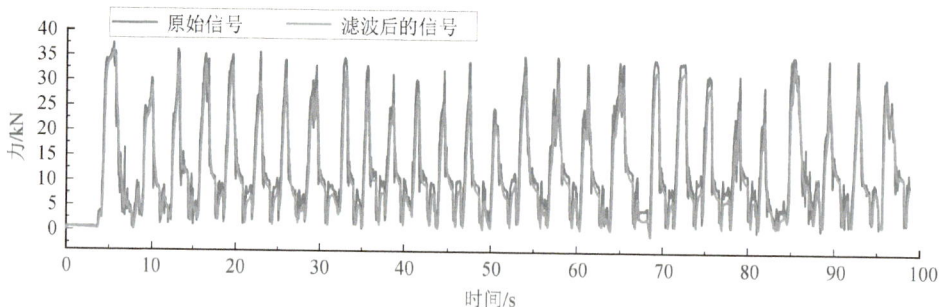

图 3.17　实测载荷信号低通滤波处理前、后数据对比

3.3.3　实测载荷数据分析

按照载荷测试试验方案对原始信号进行预处理，由于载荷测试数据量太大，为了方便数据的定量分析，从实测数据中随机抽取六组数据进行分析。土方工况、石方工况和剥离工况的实测载荷数据分析分别如图 3.18、图 3.19 和图 3.20 所示。

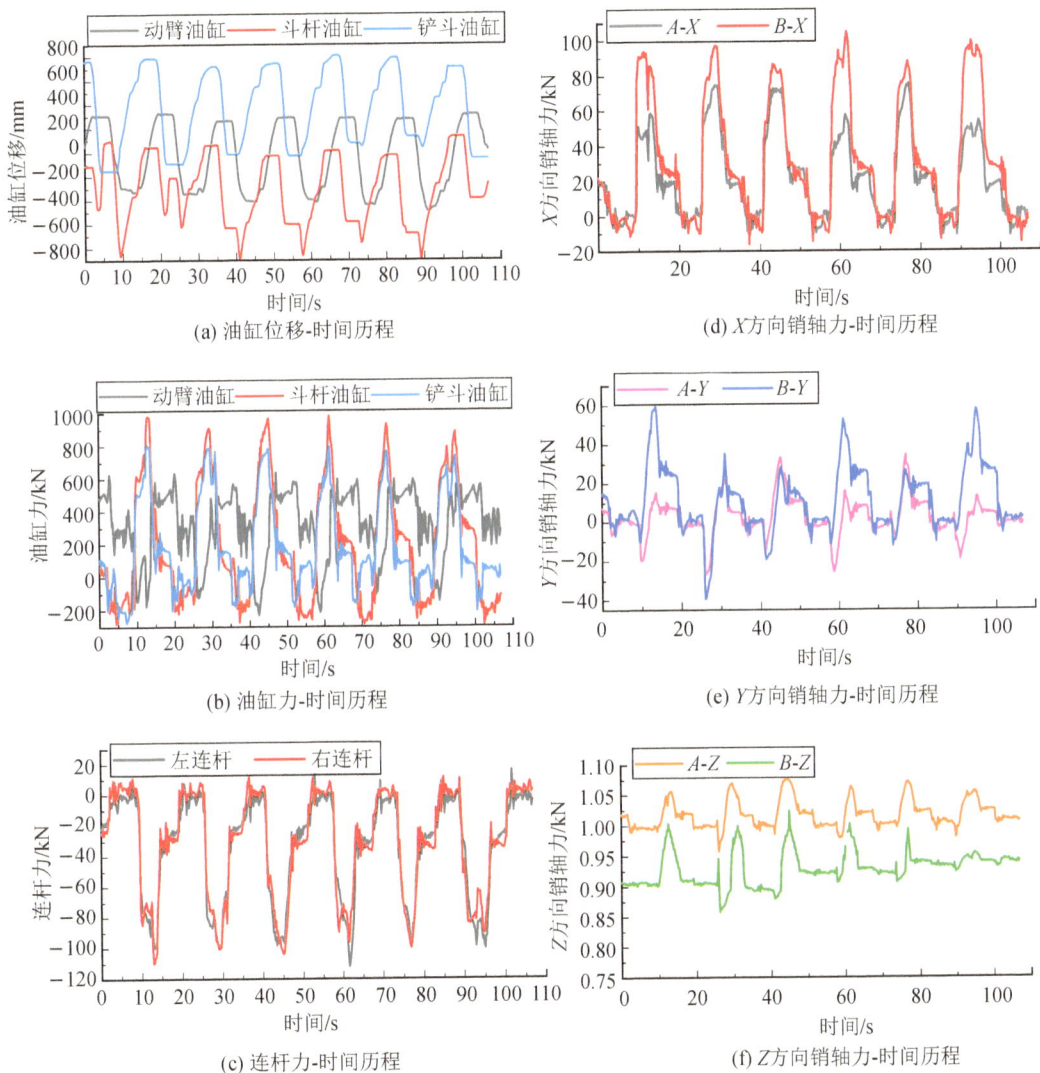

(a) 油缸位移-时间历程

(b) 油缸力-时间历程

(c) 连杆力-时间历程

(d) X 方向销轴力-时间历程

(e) Y 方向销轴力-时间历程

(f) Z 方向销轴力-时间历程

图 3.18　土方工况实测载荷数据分析

油缸位移的测试数据显示的是油缸铰接点与光杆铰接点的距离变化情况，图 3.18(a) 所示的油缸位移-时间历程显示的是油缸与光杆的相对位移(即实测数据减去初始数据得到的位移数据)随时间的变化情况，由图中可以明显看出挖掘机工作的 4 个阶段，即物料挖掘段、提升回转段、物料卸载段和空斗行进段。结合图 3.18(b) 所示的油缸力-时间历程可分析土方工况的挖掘过程。

在物料挖掘阶段，为配合铲斗接触到物料，动臂油缸有小幅度收缩，铲斗油缸和斗杆油缸逐渐伸长，当达到铲斗产生最大挖掘力的姿态时，斗杆油缸开始收缩，斗杆油缸力和铲斗油缸力达到最大值，分别是 800 kN 和 980 kN。挖掘机重心前移，动臂油缸泄力。

在提升回转阶段，当提升物料时，动臂油缸保持不变，铲斗油缸先伸长至极限位置，斗杆油缸也继续伸长，保证了物料装满铲斗。当铲斗铲装口平面与工作平面平行时，铲斗油缸和斗杆油缸停止伸缩。当铲斗装满物料开始回转工作装置时，动臂油缸伸长，将铲斗提升至适合卸料的高度。动臂油缸力上升至 600 kN。

在物料卸载阶段，动臂油缸位移维持不变，铲斗油缸和斗杆油缸快速收缩，使物料快速卸下，节省时间。此时，斗杆油缸力和铲斗油缸力同步减少，但最终值比初始挖掘姿态略高，由于铲斗重心与初始挖掘姿态不一致，导致油缸力有差距。

在空斗行进阶段，斗杆油缸和铲斗油缸保持卸下物料时的状态，动臂油缸收缩，使铲斗尽可能接触到要挖掘的物料。动臂油缸、铲斗油缸和斗杆油缸恢复至初始姿态，此时，动臂油缸力、斗杆油缸力和铲斗油缸力和初始姿态保持一致，以满足下一个循环铲装的要求，从而进行下一个循环的挖掘工作。

连杆力传感器上测得的连杆力-时间历程如图 3.18(c)所示，左连杆力和右连杆力均为负值，表明连杆整体呈受拉状态。在物料卸载阶段、工作装置回转以及空斗行驶时，除去重力影响，连杆几乎不受外力作用。当铲斗油缸伸长量达到最大，铲斗深入物料挖掘时，连杆力达到最大值，连杆力最大值为 208.9 kN。

土方工况中销轴力传感器测量的径向力和侧向力如图 3.18(d)～3.18(f)所示，从图中可清楚地看到左、右销轴力传感器存在明显偏载，偏载的大小为左、右两侧销轴力的差值。X 方向最大载荷为 103 kN，Y 方向最大载荷为 59.5 kN，左销轴最大销轴力为 81.6 kN，右销轴最大销轴力为 112.5 kN，销轴最大侧向力为 2.1 kN，可以忽略侧向力对铲斗与斗杆铰接点处的影响。

从图 3.19(a)可明显看出石方工况挖掘的整个行程，对比图 3.19(b)油缸力随挖掘进程的变化进行分析，可以看出铲斗油缸力和斗杆油缸力最大值均发生在物料挖掘阶段，斗杆油缸力最大值为 985.6 kN，铲斗油缸力最大值为 860 kN。在提升物料时动臂油缸力达到最大值，动臂油缸力最大值为 731.2 kN。因石方工况复杂，物料不规则，导致油缸力出现波动，这是与实际情况一致的。在物料开始挖掘前，斗杆油缸力出现一段反方向的增大，这是因为在铲斗接触到石方物料时，物料阻力突然增大，需要增大斗杆油缸力使铲斗斗齿尖插入物料。动臂油缸力在第四个循环比其他循环都要大很多，可能原因是提升物料时铲斗斗齿尖碰触到较大的石块，需要增大动臂油缸力，使工作装置整体重心升高。

石方工况中连杆力传感器测试的数据如图 3.19(c)所示，整体连杆力为负值，表明连杆整体受拉，连杆力最大值为 230.9 kN。

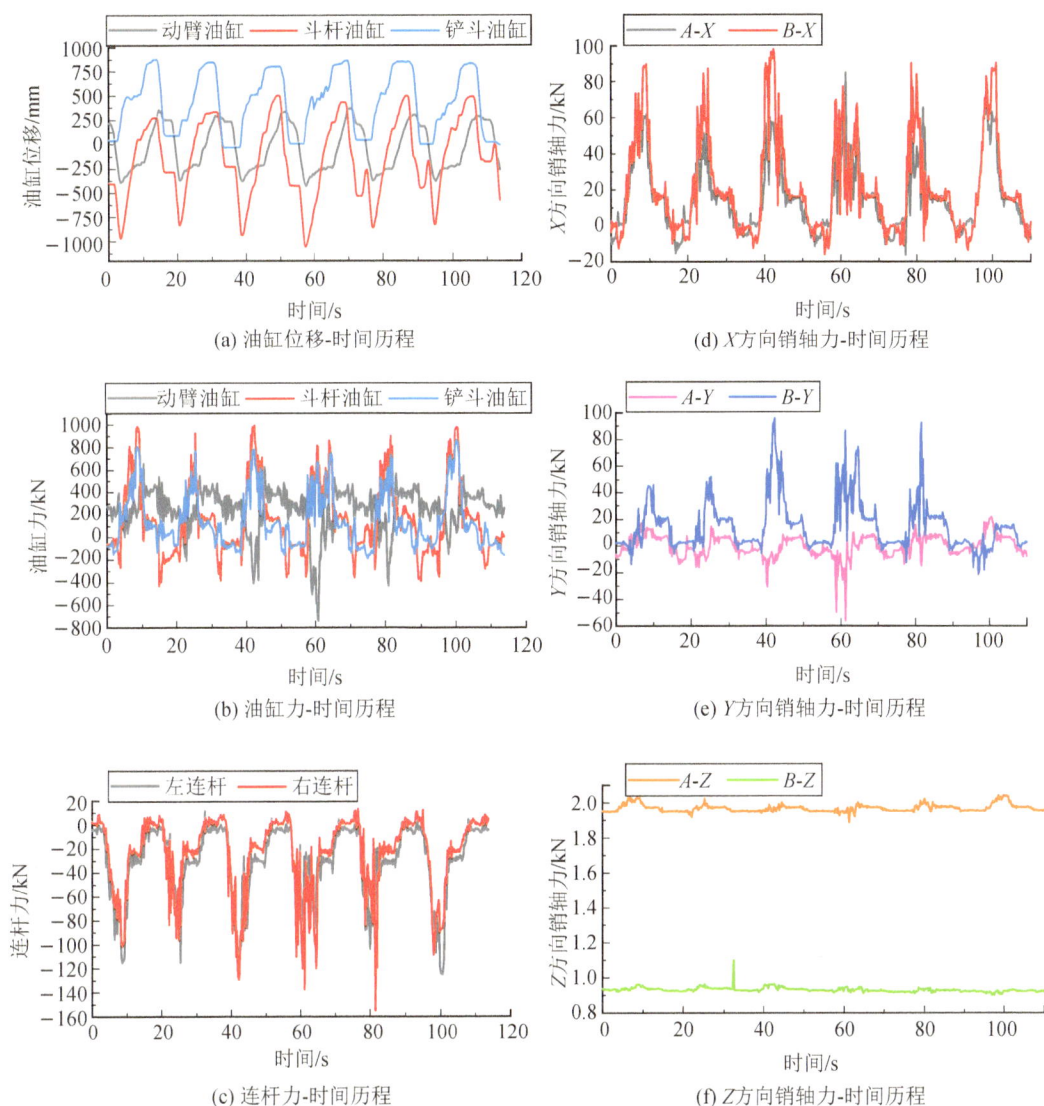

(a) 油缸位移-时间历程

(b) 油缸力-时间历程

(c) 连杆力-时间历程

(d) X 方向销轴力-时间历程

(e) Y 方向销轴力-时间历程

(f) Z 方向销轴力-时间历程

图 3.19　石方工况实测载荷数据分析

　　石方工况中销轴力传感器测量的载荷时间历程如图 3.19(d)～3.19(f)所示，X 方向最大载荷为 96.8 kN，Y 方向最大载荷为 95.8 kN，左销轴最大销轴力为 101.3 kN，右销轴最大销轴力为 137.4 kN，销轴最大侧向力为 3.05 kN。因为侧向力远小于径向力，所以侧向力对铲斗受力影响较小，可以忽略。在铲斗挖掘和提升阶段，物料在铲斗内可能会滚动，导致销轴力测试数据有一定的波动，但是整体趋势与实际工况一致，最大销轴力仍然出现在物料挖掘阶段。左销轴和右销轴的 Y 方向销轴力趋势一致，但偏差较大，可能是因为物料在铲斗内左右严重不均衡导致的，在矿山开采挖掘工作中，这种现象非常常见，故测试结果对矿山机械的设计和优化有很大现实意义。

从图 3.20(a)可以明显看出挖掘阶段斗杆位移出现两次峰值,这是因为剥离工况的物料为大石方,铲装一次难以装满铲斗,为了使铲斗装满物料,挖掘机操作人员会在一次挖掘循环过程中选择两次连续挖掘,故而在图 3.20(b)中斗杆油缸力出现两次加载。每个挖掘周期内斗杆油缸的位移量都会大于其余油缸的位移量,这是因为操作人员需要改变斗杆位置以便于铲斗更好地接触到物料,此时斗杆的作用力会变小,以防止工作装置卡死以及避免斗杆受到大载荷作用而产生断裂。物料装满铲斗需要一段时间,因此对应每一段油缸力的峰值会持续 8~10 s 时间。

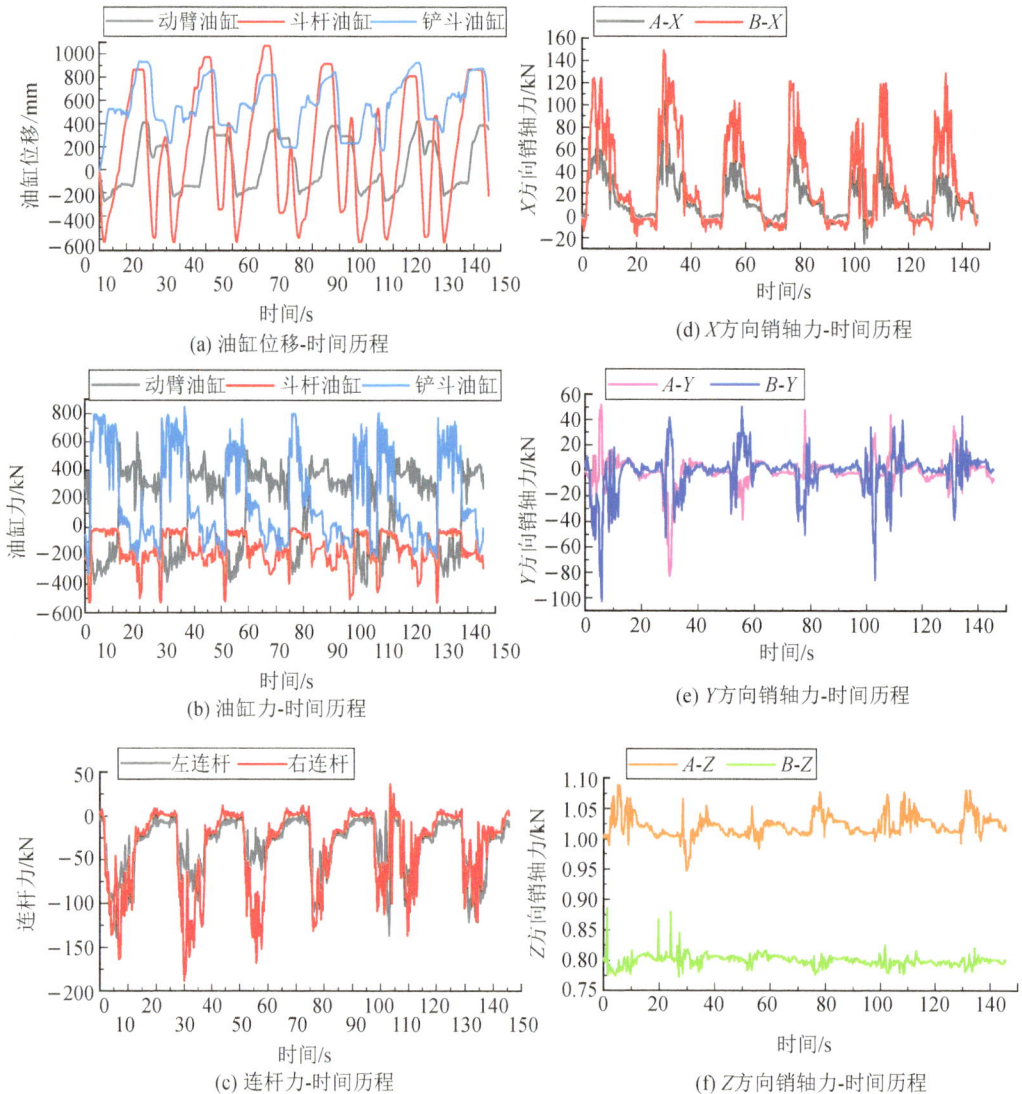

(a) 油缸位移-时间历程

(d) X方向销轴力-时间历程

(b) 油缸力-时间历程

(e) Y方向销轴力-时间历程

(c) 连杆力-时间历程

(f) Z方向销轴力-时间历程

图 3.20　剥离工况实测载荷数据分析

剥离工况中连杆力传感器测试的数据如图 3.20(c)所示,连杆力的峰值发生在物料挖掘阶段和物料卸载阶段,连杆整体受拉,连杆力最大值为 241.5 kN。

剥离工况中销轴力传感器测量的载荷时间历程如图 3.20(d)～3.20(f)所示,铲斗与斗杆铰接点处 X 方向最大载荷为 146.7 kN,Y 方向最大载荷为 102.3 kN。左销轴最大销轴力为 131.9 kN,右销轴最大销轴力为 153.1 kN,销轴最大侧向力为 1.89 kN。可见侧向力远小于径向力,可忽略不计。虽然右销轴的销轴力整体大于左销轴的销轴力,但是不可以简单地认为剥离工况的偏载只发生在工作装置的一侧。通过对比土方工况和石方工况,可以看出剥离工况的偏载情况更严重,主要是因为物料块较大,物料在铲斗中分布不均匀。

分析土方工况、石方工况及剥离工况的载荷时间历程可以看出,左、右销轴的最大载荷均出现在物料挖掘阶段,随着铲斗的深入,物料产生的阻力越来越大,销轴力随之变大,当铲斗油缸伸长到极限位置时,销轴力达到最大。在挖掘过程中,铲斗外阻力为挖掘物料产生的剪切阻力。分析侧向载荷-时间历程可发现,侧向力主要出现在物料挖掘和卸载阶段。对比左、右销轴受力,不难看出左、右销轴受力大小不一,这主要是因为在挖掘测试过程中,物料的高度、厚度以及铲斗内物料不对称分布等导致铲斗和斗杆铰接处受力不均匀,这个现象表明,挖掘机在工作过程中工作装置会受到一定的偏载作用,偏载的大小和时机均具有随机性。因此在后续的挖掘机载荷谱编制过程中不可以忽视偏载对产品使用寿命的影响,也不能简单地把偏载赋值给一方,必须对偏载做定量分析。

从以上分析不难看出,测试结果与实际挖掘工作吻合程度高,可以定量描述铲斗与斗杆铰接点处销轴力的变化以及连杆力的变化。

3.4　刚柔耦合动力学分析

3.4.1　刚柔耦合动力学模型

在挖掘机进行挖掘作业时,其柔性部件与刚性结构产生耦合作用并互相影响,柔性体模型分析比刚性体仿真更能真实反映挖掘机系统本身的动力学特性。大型动力学仿真软件 Adams 对三维模型的装配条件要求很高,需要处理好模型的装配关系和约束条件,否则会造成仿真失败或者仿真结果与实际不符。

如果简化原模型中对分析结果影响不大的一些特征,如螺纹孔、倒角、运输吊耳等,则简化后更利于网格划分和仿真计算速度的提升。简化前、后模型对比如图 3.21所示。

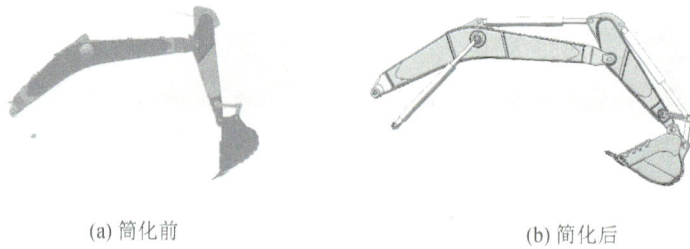

(a) 简化前   (b) 简化后

图 3.21 简化前、后模型对比示意图

利用简化后的三维模型，可建立工作装置动力学仿真模型，其建模流程如图 3.22 所示。

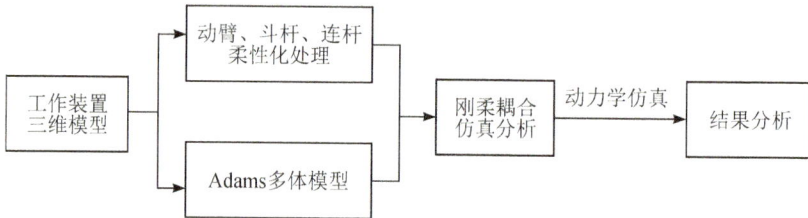

图 3.22 工作装置动力学仿真建模流程

在 Hypermesh 软件中对动臂、斗杆和连杆进行网格划分，采用 MASS21 单元在每个关键铰接点处建立刚性连接区域，使柔性体与刚性体之间有良好的约束以及力的传递。将设置好材料属性的柔性体导入 APDL 中进行模态计算，生成 .mnf 文件，该中性文件包含柔性结构的质心、质量和转动惯量等重要信息。

生成 .mnf 文件的关键是模态计算，模态缩减法是在 FMBD(Finite Element Multi-Body Dynamics，有限元多体动力学)理论的基础上利用有限元分析的方法获取柔性体的动态应力、应变以及变形的一种模态分析法。模态缩减法计算速度快、占有更少的存储空间，适合普通计算器。随机挑选坐标系柔性体上任意一点 a，其三维坐标系可用式(3.1)表示。

$$\begin{cases} r_a = r + \boldsymbol{D}\boldsymbol{P}_a n = \boldsymbol{D}(\boldsymbol{P}_a^0 n + \boldsymbol{L}_a n) \\ \boldsymbol{D} = [i^G, j^G, k^G] = \begin{bmatrix} \cos(I,i) & \cos(I,j) & \cos(I,k) \\ \cos(J,i) & \cos(J,j) & \cos(J,k) \\ \cos(K,i) & \cos(K,j) & \cos(K,k) \end{bmatrix} = \text{DCM}^G \end{cases} \quad (3.1)$$

式中：$\boldsymbol{P}$ 为在浮动坐标系中柔性体未发生变形时柔性体上任意一点 a 的位置矢量；$\boldsymbol{L}_a$ 为 a 点在浮动坐标系中相对变形矢量；$\boldsymbol{D}$ 为方向余弦矩阵 DCM；i、j、k 为本体坐标系下的单位向量；I、J、K 为全局坐标系 G 下的单位向量。

相对变形矢量 $\boldsymbol{L}_a$ 可以用式(3.2)的模态坐标表示。

$$\begin{cases} \boldsymbol{L}_a' = \boldsymbol{E}_t^{a'} \boldsymbol{B} \\ \boldsymbol{E}^a = [\boldsymbol{E}_t^{aT}, \boldsymbol{E}_r^{aT}] \end{cases} \quad (3.2)$$

式中：$\boldsymbol{E}^a$ 为任意一点 a 移动和转动矩阵；$\boldsymbol{B}$ 为变形的广义坐标；$\boldsymbol{E}_t^{a'}$ 为服从茨基向量的变形模态矩阵。

联立式(3.1)和式(3.2)，求解点 a 的三维坐标如式(3.3)所示。

$$r_a = r + \boldsymbol{D}(\boldsymbol{P}_a^{o'} + \boldsymbol{E}_t^{a'}\boldsymbol{B}) \tag{3.3}$$

对 r_a 求导，可以得到任意一点 a 的速度和加速度分别如式(3.4)和式(3.5)所示。

$$\dot{r}_a = \dot{r} + \dot{\boldsymbol{D}}(\boldsymbol{P}_a^{o'} + \boldsymbol{E}_t^{a'}\boldsymbol{B}) + \boldsymbol{D}\boldsymbol{E}_t^{a'}\dot{\boldsymbol{B}} \tag{3.4}$$

$$\ddot{r}_a = \ddot{r} + \ddot{\boldsymbol{D}}(\boldsymbol{P}_a^{o'} + \boldsymbol{E}_t^{a'}\boldsymbol{B}) + 2\dot{\boldsymbol{D}}\boldsymbol{E}_t^{a'}\dot{\boldsymbol{B}} + \boldsymbol{D}\boldsymbol{E}_t^{a'}\ddot{\boldsymbol{B}} \tag{3.5}$$

柔性体上任意一点 a 的总体位移叠加矩阵关系如式(3.6)所示。

$$[I] = \sum \varphi_a [\lambda]_a \tag{3.6}$$

式中：$[I]$ 为柔性体上每一个节点的位移矢量之和；φ_a 为模态参与因子；$[\lambda]_a$ 为柔性体上每一个节点变形的叠加模态。

在 Adams 软件中设置运行环境，设重力加速度的方向为 $-Y$ 向，即垂直于水平面的方向，大小为 $9.80\ \mathrm{m/s^2}$。各部件的材料属性与实际保持一致。将符合实际动作的约束添加在各部件相对运动位置，工作装置各部件约束连接方式如表 3.3 所示。

表 3.3　工作装置各部件约束连接方式

部　件	约束	部　件	约束
回转装置、ground	固定副	斗杆、摇臂	转动副
动臂、回转装置	转动副	斗杆、铲斗	转动副
回转装置、动臂油缸	转动副	连杆、铲斗油缸	转动副
动臂、动臂油缸	转动副	连杆、摇臂	转动副
动臂、斗杆	转动副	连杆、铲斗	转动副
动臂、斗杆油缸	转动副	动臂油缸	移动副
斗杆、斗杆油缸	转动副	斗杆油缸	移动副
斗杆、铲斗油缸	转动副	铲斗油缸	移动副

给各移动副添加驱动，并将动臂液压缸移动副驱动、斗杆液压缸移动副驱动和铲斗液压缸移动副驱动分别重命名为 QDdongbi、QDdougan 和 QDchandou。各工作装置铰接点在仿真软件中的约束如图 3.23 所示。

图 3.23　各工作装置铰接点在仿真软件中的约束

在 Adams 软件中进行柔性体的替换，得到的挖掘机工作装置的刚柔耦合模型如图 3.24 所示。

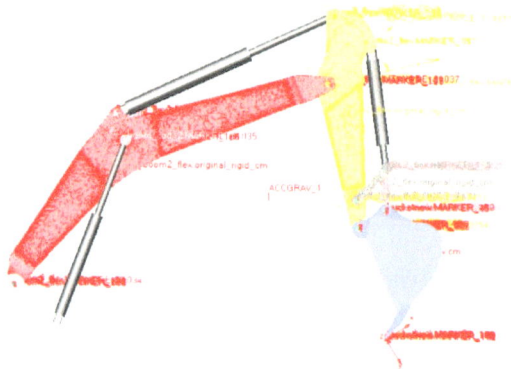

图 3.24　挖掘机工作装置刚柔耦合模型

3.4.2　工作装置动力学分析

挖掘机工作装置的动力学公式可使用式(3.7)所示的拉格朗日方程表达。

$$W_i = \sum_{j=1}^{n} K_{ij}(\theta)\dot{\theta}_{ij} + \sum_{j=1}^{n}\sum_{t=1}^{n} H_{ijt}(\theta)\dot{\theta}_t\dot{\theta}_j + G_i(\theta) \tag{3.7}$$

式中：W_i 为工作装置构件的驱动力；$K_{ij}(\theta)$、$H_{ijt}(\theta)$ 分别为各构件之间的转动惯量和向心力；$G_i(\theta)$ 为构件的重力。

式(3.7)中的变量求解公式如式(3.8)所示。

$$\begin{cases} K_{ij} = \sum_{\max(i,j)}^{n} M_a \left[{}^a\sigma_i^a\sigma_j \boldsymbol{k}_a + {}^a l_i^a l_j g + {}^a\delta_a g \left({}^a l_i^a\sigma_j + {}^a l_j^a\sigma_i \right) \right] \\ H_{ij} = \dfrac{\partial L_{ij}}{\partial \theta_t} - \dfrac{1}{2}\dfrac{\partial L_{jk}}{\partial \theta_i} \\ G_i = {}^{i-1}g \sum_{a=i}^{n} M_a^{a-1}\delta_a \\ \begin{bmatrix} {}^{i-1}g \\ {}^0g \end{bmatrix} = \begin{bmatrix} -gg^0 o_{i-1} & gg^0 n_{i-1} & 0 & 0 \\ g & 0 & 0 & 0 \end{bmatrix} \end{cases} \tag{3.8}$$

式中：M_a 为工作装置上构件 a 的质量；σ、$\boldsymbol{k}_a$ 分别为构件上某点的切线与该点矢量半径之间的夹角以及该点的交叉耦合系数矩阵；l_i 为沿 Z 轴方向从 x_i 到 y_i 之间的距离；l_j 为沿 Z 轴方向从 x_j 到 y_j 之间的距离；${}^a\delta_a$ 为构件 a 局部坐标系中构件 a 的质心坐标；${}^{a-1}\delta_a$ 为在构件 $a-1$ 局部坐标系中构件 a 的质心坐标；g 为重力加速度。

为了方便控制各个油缸的行程、销轴力和连杆力，选择 Adams 软件中的 CUBSPL 函数进行驱动，该函数格式为

CUBSPL(1st_Indep_Var，2nd_indep_Var，Spline_Name，Deriv_Order)

式中：1st_Indep_Var 为第一个变量参数，通常指时间；由于 Spline 定义的是一条实测数据的曲线，2nd_Indep_Var 为空，用 0 代替；Spline_Name 为曲线名称；Deriv_Order 为求导阶数，因实测数据是一条随时间变化的曲线，不需要求导，故用 0 替代。

根据铲斗与斗杆铰接点处实际受力和连杆实际受力，在工作装置模型上施加载荷，销轴力和连杆力在模型中施加位置如图 3.25 所示。

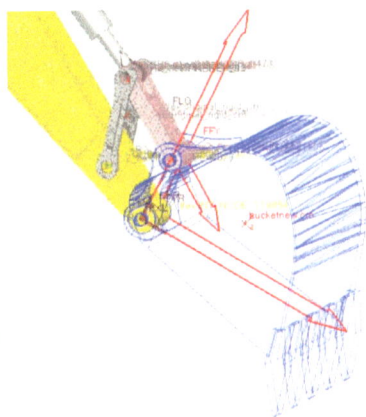

图 3.25 销轴力和连杆力在模型中施加位置

将实测油缸位移、实测销轴力和连杆力分别导入 Adams 作为驱动，得到的各工况油缸的位移驱动函数、载荷以及载荷驱动函数如表 3.4 所示。

表 3.4 各工况油缸的位移驱动函数、载荷以及载荷驱动函数

工况	油缸	位移驱动函数	载荷	载荷驱动函数
土方工况	动臂油缸	CUBSPL(time, 0, TF_WY_Boom, 0)	销轴力 X 方向	CUBSPL(time, 0, TF_FX, 0)
	斗杆油缸	CUBSPL(time, 0, TF_WY_Arm, 0)	销轴力 Y 方向	CUBSPL(time, 0, TF_FY, 0)
	铲斗油缸	CUBSPL(time, 0, TF_WY_Bucket, 0)	连杆力	CUBSPL(time, 0, TF_FLG, 0)
石方工况	动臂油缸	CUBSPL(time, 0, SF_WY_Boom, 0)	销轴力 X 方向	CUBSPL(time, 0, SF_FX, 0)
	斗杆油缸	CUBSPL(time, 0, SF_WY_Arm, 0)	销轴力 Y 方向	CUBSPL(time, 0, SF_FY, 0)
	铲斗油缸	CUBSPL(time, 0, SF_WY_Bucket, 0)	连杆力	CUBSPL(time, 0, SF_FLG, 0)
剥离工况	动臂油缸	CUBSPL(time, 0, BL_WY_Boom, 0)	销轴力 X 方向	CUBSPL(time, 0, BL_FX, 0)
	斗杆油缸	CUBSPL(time, 0, BL_WY_Arm, 0)	销轴力 Y 方向	CUBSPL(time, 0, BL_FY, 0)
	铲斗油缸	CUBSPL(time, 0, BL_WY_Bucket, 0)	连杆力	CUBSPL(time, 0, BL_FLG, 0)

　　将仿真时长设置与实际载荷测试时间保持一致，仿真积分步长设置为0.05。将实测的销轴力和连杆力作为动力学仿真的驱动力，通过动力学仿真，输出各油缸力，并与实测油缸力进行对比，验证实测销轴力与连杆力的准确性。以土方工况为例，各油缸力的仿真结果与实测结果对比如图3.26所示。

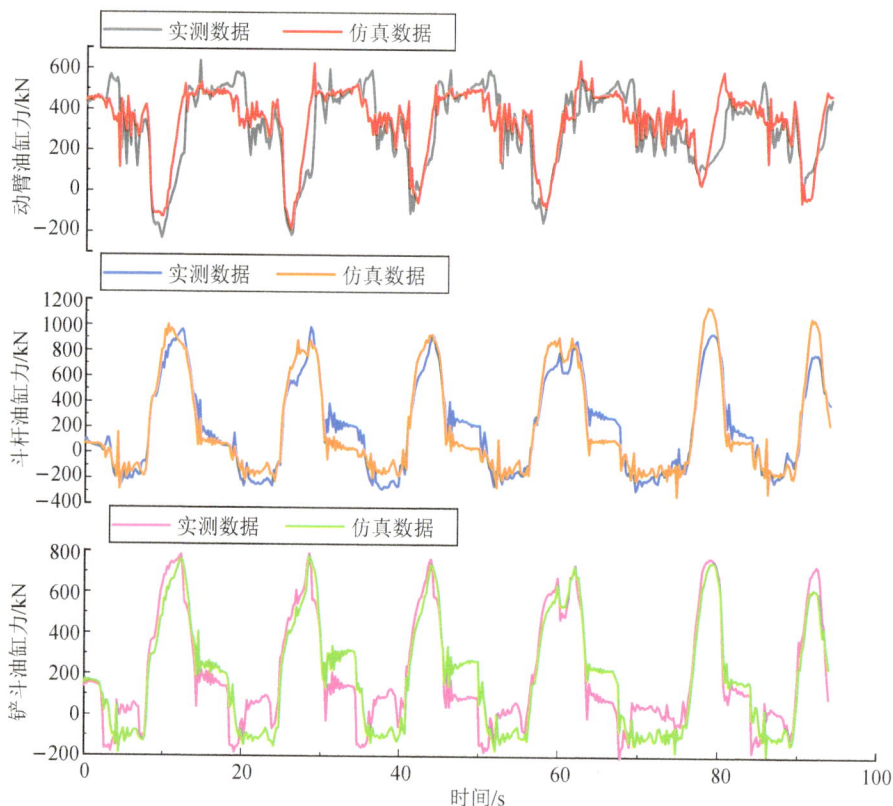

图 3.26　土方工况各油缸力仿真与实测结果对比

　　从图3.26可知，油缸力的实际测试值与仿真结果趋势相同，在液压缸突然启动和制动时，数据差异较大，在液压缸稳定以后，数据吻合性较好。为了量化差异，对实测值和仿真值做了误差分析，其数据如表3.5所示。

表 3.5　土方工况油缸力仿真值与实测值误差分析

油缸力	动臂油缸力/kN		斗杆油缸力/kN		铲斗油缸力/kN	
数据分析	实测值	仿真值	实测值	仿真值	实测值	仿真值
均值	318.5	335.7	212.1	215.3	204.3	195.8
误差	5.4%		1.5%		4.2%	

　　从表3.5中可看出，动臂、斗杆和铲斗油缸力实测值和仿真值的误差分别为5.4%、1.5%、4.2%。动臂油缸实测值和仿真值误差出现在工作装置回转卸料以及进入下一次挖掘准备阶段，动臂油缸与回转台铰接，实际挖掘测试回转过程中车身不稳

定会导致油缸力有所波动，而仿真软件没有模拟车身不稳定现象。公开研究已经证明采用 Adams 软件仿真挖掘工作的实用性，此次测量误差的最大值低于 10％，说明测试数据的可用性，使用自制的销轴力传感器和连杆力传感器能够准确测得铲斗与斗杆铰接点的销轴力和连杆力。

本 章 小 结

通过实际调研，本章确定了大型挖掘机载荷谱测试试验的 3 种典型工况以及测试比例分配，并详细介绍了挖掘机作业过程的 4 个阶段；介绍了挖掘机载荷谱测试前测点位置的确定原则、传感器安装过程和测试系统的搭建，为挖掘机斗齿尖载荷信号的获取奠定了基础；分析了载荷测试得到的油缸位移、油缸力、径向力和侧向力以及连杆力，确定了挖掘机在挖掘过程中载荷变化情况，对工作装置的设计和制造有一定的指导作用。本章还建立了挖掘机工作装置刚柔耦合模型，以实测油缸位移、销轴力和连杆力为驱动，通过仿真分析获得油缸力的仿真值，并与油缸力的实测值进行了对比分析，最大误差保持在 10％以内，验证了设计的销轴力传感器和连杆力传感器的准确性。

第4章

挖掘机工作装置疲劳载荷谱外推方法研究

4.1　基于 POT 模型的载荷外推

目前的载荷外推方法主要分为时域和雨流域两种。相较于雨流域外推，基于时域的外推方法可以直接对实测的载荷时间历程进行外推，不需要进行载荷样本的雨流计数处理，该载荷外推方法使得实测载荷的时间以及顺序信息得以保留，所以采用该方法进行载荷外推能够产生更加真实的载荷循环。

BMM（Block Maxima Method）法、GMM（Global Maxima Method）法以及 POT（Peak Over Threshold）法是当前应用较为广泛的时域外推方法，这 3 种方法的区别主要是对极值载荷进行提取的方法不同。POT 法，又叫门限峰值法，使用简单且精度较高，目前，使用 POT 法对极值分布进行统计推断能够得到很好的效果。POT 法能够完成较为精确的载荷外推主要得益于其对实测载荷样本数据量的要求不是很高，因此被广泛地应用于各领域，本章选取 POT 模型下的载荷时域外推方法对挖掘机工作装置外载荷进行外推，并从 POT 模型构建、最优阈值选取、GPD 分布拟合、参数估计以及分布拟合优度检验等方面出发，建立挖掘机工作装置载荷 POT 外推模型，并对挖掘机工作装置外载荷进行时域外推。

4.1.1　POT 模型构建

由于时间和成本的限制，通过整车试验采集的油缸载荷-时间历程没有充分包含出现频率低却能引起较大疲劳损伤的极值载荷，难以准确反映试验样机在整个服役周期内的载荷变化，若直接利用试验数据分析作业工况和控制策略等，会造成分析结果误差过大。载荷外推作为载荷谱编制中的关键技术，在极值载荷预测方面尤为重要。

POT 模型只对数据中超过某一充分大的值（阈值）的数据进行建模，主要考虑尾部数据特征。时域外推以极值理论为基础，外推过程主要由两部分组成：极值载荷的提取、极值载荷的函数拟合与外推。基于 POT 模型的时域外推流程如图 4.1 所示。

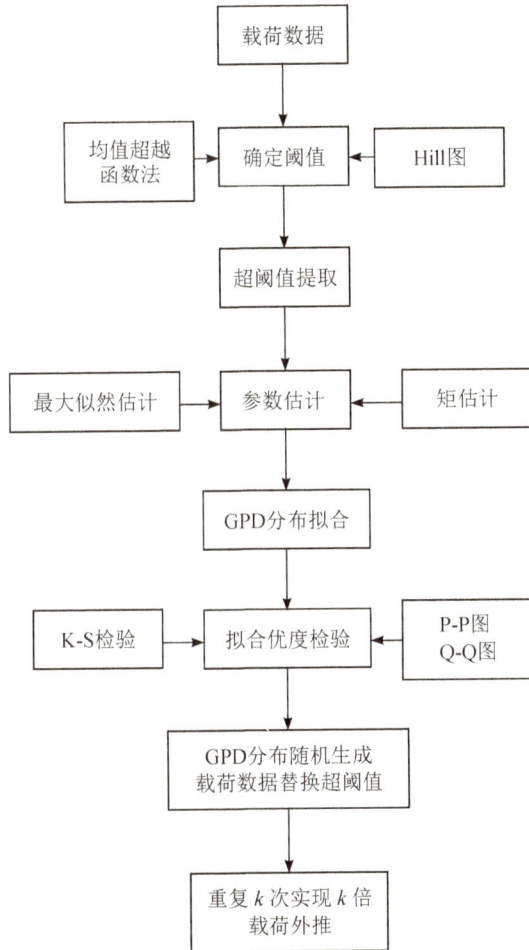

图 4.1　基于 POT 模型的时域外推流程

（1）预设载荷时间历程的外推倍数为 k，并将实测的载荷时间历程重复 k 次；

（2）提取载荷样本数据的转折点，因疲劳损伤主要是由极值载荷造成的，因此对不造成损伤的小载荷进行滤除，选取样本中最大载荷循环的 $10\%\sim15\%$ 作为小载荷滤除的门限值（阈值）；

（3）确定 POT 外推模型的最优阈值，并将阈值 u 以上的载荷数据（超阈值）提取出来，作为 POT 模型的样本数据，图 4.2 所示为 POT 模型超阈值提取原理；

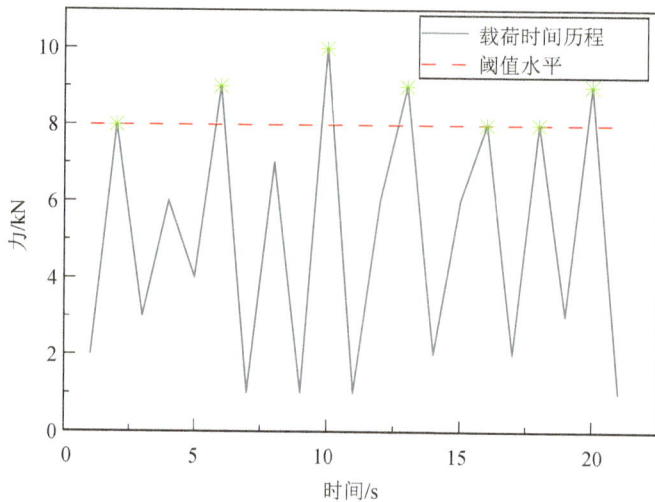

图 4.2　POT 模型超阈值提取原理

（4）选取广义帕累托分布（Generalized Pareto Distribution，GPD）作为极值样本数据的拟合分布，对极值进行拟合，进而可以求得满足极值样本的 GPD 分布函数；采用 P-P 图、Q-Q 图和 K-S 检验等方法，分析 GPD 拟合分布的拟合优度；

（5）利用极值样本的 GPD 分布函数随机生成新的载荷数据，并替换原始载荷样本中的超阈值数据；

（6）求取外推超阈值极值样本数据个数，利用步骤（5）随机生成等量的新极值样本并替换所有超阈值数据，完成载荷外推。

广义帕累托分布（GPD）是三参数的极值分布，其分布是典型的偏态、厚尾分布，广泛应用于分析样本数据的尾部情况。

GPD 分布函数基于以下定理：

假设 X_1，X_2，X_3，$\cdots$，X_n 为独立同分布（IID）的随机变量，并且服从于同一个分布函数 $F(x)$。u 为某一充分大的阈值，大于阈值 μ 的值 X_i 被称为超阈值，设大于阈值的载荷样本数据个数为 N_u，分别记作 X_1，X_2，X_3，$\cdots$，X_u；超越量记为 $y_i = X_i - u$，$i = 1, 2, 3, \cdots, N_u$（表示大于阈值的数据点与所选阈值之间的差值）；大于该阈值的条件分布函数如式（4.1）所示。

$$F_u(y) = P\{X - u \leqslant y \mid X \geqslant u\} = \frac{P\{u \leqslant X - u \leqslant y\}}{P\{X \geqslant u\}}$$

$$= \frac{F(y + u) - F(u)}{1 - F(u)} \tag{4.1}$$

超阈值的条件分布函数如式（4.2）所示。

$$F_u(x) = P\{X \leqslant x \mid X \geqslant u\} = \frac{F(x) - F(u)}{1 - F(u)}, \ x \geqslant u \tag{4.2}$$

由式(4.1)和式(4.2)可以看出，如果分布函数 $F(x)$ 已知，就可以求得相应的条件分布函数 $F_u(y)$ 和 $F_u(x)$；相反，如果已知两个条件分布函数，即可求得 GPD 分布函数 $F(x)$。然而，大多数情况下分布函数 $F(x)$ 是未知的，所以只能通过条件分布函数来反求出分布函数 $F(x)$，如式(4.3)所示。

$$F(x) = [1 - F(u)] \times F_u(y) + F(u) \tag{4.3}$$

PICKANDS 等人研究发现，当对样本数据选取的阈值足够大时，大多数条件分布函数 $F_u(y)$ 很大程度上相近于广义帕累托分布，由此可以通过 GPD 分布函数去拟合超过足够大阈值的样本极值数据来得到 $F_u(y)$。

GPD 分布的累积分布函数如式(4.4)所示。

$$G(x; u, \sigma, \xi) = \begin{cases} 1 - \left(1 + \xi \dfrac{x-u}{\sigma}\right)^{-\frac{1}{\xi}}, & \xi \neq 0, x > u \\ 1 - \exp\left(-\dfrac{x-u}{\sigma}\right), & \xi = 0, x > u \end{cases} \tag{4.4}$$

式中：$\sigma > 0$ 是尺度参数；ξ 是取值实数域的形状参数，当形状参数由小变大(由负值变为正值)时，表示样本数据尾部逐渐变厚。

当 $u = 0$，$\sigma = 1$ 时，该分布为标准 GDP 分布，$\xi = 0$ 时变为指数分布。该极值分布模型在应用中主要用于拟合载荷样本数据的尾部特征，即对尾部数据进行建模。GPD 分布的概率密度函数如式(4.5)所示。

$$g(x; u, \sigma, \xi) = \begin{cases} \dfrac{1}{\sigma}\left(1 + \xi \dfrac{x-u}{\sigma}\right)^{-\frac{1+\xi}{\xi}}, & \xi \neq 0, x > u \\ \dfrac{1}{\sigma}\exp\left(-\dfrac{x-u}{\sigma}\right), & \xi = 0, x > u \end{cases} \tag{4.5}$$

在由 POT 模型进行时域外推过程中，确定合适的阈值是外推能否顺利实现的关键步骤。POT 模型是由大于阈值的数据点进行建模的，当选取的阈值偏大时，组成的极值样本的数据个数会较少，致使拟合效果不佳；反之，当选取的阈值偏小时，虽然极值样本数据会增加，但是其中会引入非极值数据，样本数据不能够代表所需极值样本，影响外推效果。

阈值选取有图形法和计算法两种方式，计算法是通过统计量的选择与判别为着手点；图形法是通过绘制图像的方式观察出合适阈值的范围进而确定最佳阈值。常用的图形法有均值超越函数法、Hill 图法等。运用图形法确定阈值方便简单，但是受主观因素影响；采用计算法确定阈值的计算量很大，但是计算结果较为精确。本章采用的是均值超越函数法，因此下面只对均值超越函数法进行介绍。

均值超越函数的定义如式(4.6)所示。

$$e(\mu) = E(x - \mu \mid X > \mu) = \frac{\sigma + \xi \mu}{1 - \xi} \tag{4.6}$$

式(4.6)表明，当参数 σ 和 ξ 均为常量时，超越量均值 $e(\mu)$ 与阈值 u 成正比例关系。因此可以通过绘制超越量均值 $e(\mu)$ 与阈值 u 的图像来确定阈值的大致范围。虽然并不知道母体的 $e(\mu)$，但是可以计算样本的 $e_n(\mu)$。样本数据的超越均值表达式如式(4.7)所示。

$$e_n(\mu) = \frac{1}{N_u} \sum_{i=1}^{n} (X_i - u) \tag{4.7}$$

式中：N_u 为超过阈值的数据个数；X_i 为超阈值。

可以通过观察均值超越函数图线的走势来确定阈值范围，当超越量均值 $e(\mu)$ 与阈值 u 近似呈线性关系时，就可以确定阈值在此区间范围内。

4.1.2　GPD 分布参数估计

在阈值确定之后，极值样本随之确定，需要对 GPD 分布的形状参数 ξ 和尺度参数 σ 进行估计。常用的参数估计方法有最大似然估计法（Maximum Likelihood Estimation，MLE）、最小二乘法（Least Squares Estimation）、矩估计法（Moment Method）等。本章采用最大似然估计法估计 GPD 的分布参数，因此下面只对 MLE 方法进行介绍。

（1）当 $\xi = 0$ 时，令 $y_i = x_i - u$，由 GPD 概率密度函数求出似然函数并对其等式两边同时取对数，如式(4.8)所示。

$$\ln L(\sigma; y) = -n\ln\sigma - \frac{1}{\sigma} \sum_{i=1}^{n} y_i \tag{4.8}$$

式中：y_i 为超越量；n 为大于阈值的数据个数。

将式(4.8)对 σ 求偏导并令其等于零，可得如式(4.9)所示的似然方程。

$$\frac{\partial \ln L(\sigma)}{\partial \sigma} = -\frac{n}{\sigma} + \frac{1}{\sigma^2} \sum_{i=1}^{n} y_i = 0 \tag{4.9}$$

求解似然方程，得到如式(4.10)所示的 σ 的最大似然估计值。

$$\hat{\sigma} = \frac{1}{n} \sum_{i=1}^{n} y_i \tag{4.10}$$

（2）当 $\xi \neq 0$ 时，由 GPD 概率密度函数求出似然函数，并对其等式两边同时取对数，如式(4.11)所示。

$$\ln L(\xi, \sigma; y) = -n\ln\sigma + \left(-\frac{1+\xi}{\xi}\right) \sum_{i=1}^{n} \ln\left(1 + \xi\frac{y_i}{\sigma}\right) \tag{4.11}$$

将式(4.11)分别对 σ 和 ξ 求偏导，并令其等于零，可得等式(4.12)和等式(4.13)。

$$\frac{\partial \ln L(\sigma, \xi)}{\partial \sigma} = -\frac{n}{\sigma} + \frac{1+\xi}{\sigma} \sum_{i=1}^{n} \ln\left(\frac{y_i}{\sigma + \xi y_i}\right) = 0 \tag{4.12}$$

$$\frac{\partial \ln L(\sigma, \xi)}{\partial \xi} = \frac{1}{\xi^2} \sum_{i=1}^{n} \ln\left(1 + \xi\frac{y_i}{\sigma}\right) - \frac{1+\xi}{\xi} \sum_{i=1}^{n} \frac{y_i}{\sigma + \xi y_i} = 0 \tag{4.13}$$

由式(4.12)和式 4.13)可知,当 $\xi \neq 0$ 时无法直接求解得到 σ 和 ξ 的估计值,需要借助牛顿迭代(Newton-Raphson)等数值分析方法求解参数估计值。

对极值样本数据进行拟合之后要进行 GPD 分布拟合优度检验,通过反推来判断所选阈值是否合理,即极值样本是否满足 GPD 分布。常用的拟合优度检验方法有计算法和图形法,计算法有相关系数检验法、W^2 和 A^2 检验、平均偏差检验、卡方检验、K-S 检验等;图形检验法有 P-P 图和 Q-Q 图。

P-P 图(Probability-Probability Plot)是根据变量的累积比例与指定分布的累积比例之间的关系所绘制的图形,通过 P-P 图可以检验数据是否符合指定的分布,当数据符合指定分布时,P-P 图中各点近似呈一条直线。

Q-Q 图(Quantile-Quantile Plot)是一个概率图,它是用图形的方式比较两个概率分布,把它们的两个分位数放在一起比较,首先选好分位数间隔,图上的点(x,y)反映出第二个概率分布(y 坐标)的分位数和与之对应的第一个概率分布(x 坐标)的相同分位数。因此,这是一条以分位数间隔为参数的曲线。如果两个分布相似,则 Q-Q 图趋近于落在 $y=x$ 图线上。

4.1.3　实测载荷时域外推

本章使用的载荷数据已经经过了去奇异值、零漂、滤波等处理。以土方工况为例,在采用 POT 模型对挖掘机工作装置载荷谱外推之前,首先运用 Matlab 软件中的 normplot 函数对实测的载荷样本数据进行正态性检验。其检验结果如图 4.3 所示。

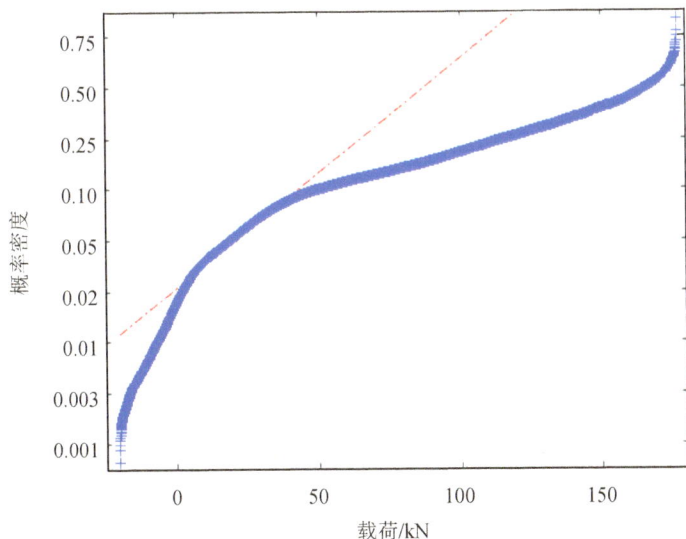

图 4.3　土方工况实测载荷样本数据正态性检验结果

因为直方图能够精确表示出数据的分布情况,且通过直方图可以很直观地看出数据分布规律，所以下面绘制出土方工况下挖掘机外载荷样本数据的统计直方图，如图 4.4 所示。

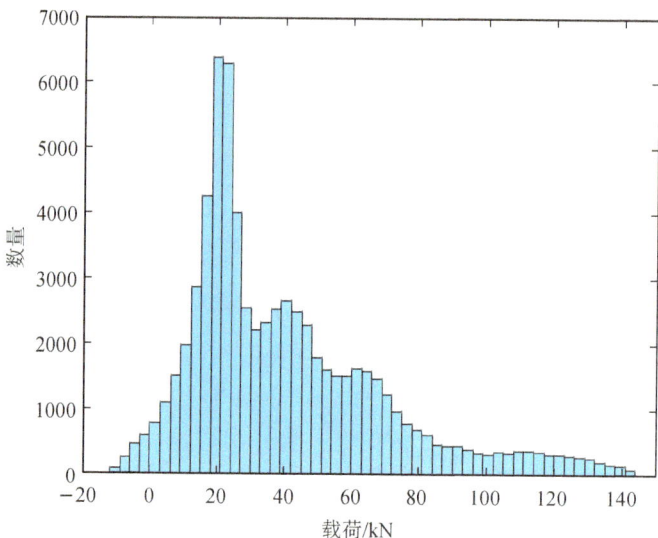

图 4.4　土方工况下挖掘机外载荷样本数据的统计直方图

通过对土方工况下实测载荷样本数据的正态性检验以及统计直方图的分析可以看出，挖掘机实测外载荷样本数据为非正态分布，其中，中小载荷占比较高，而大载荷相对于中小载荷较少，偏峰、厚尾，符合极值分布的特征，因此可以利用极值分布对挖掘机工作装置尾部数据进行建模。

利用实测的挖掘机工作装置外载荷数据，运用 Matlab 软件编写相应程序，可绘制出均值超越函数图像，如图 4.5 所示。

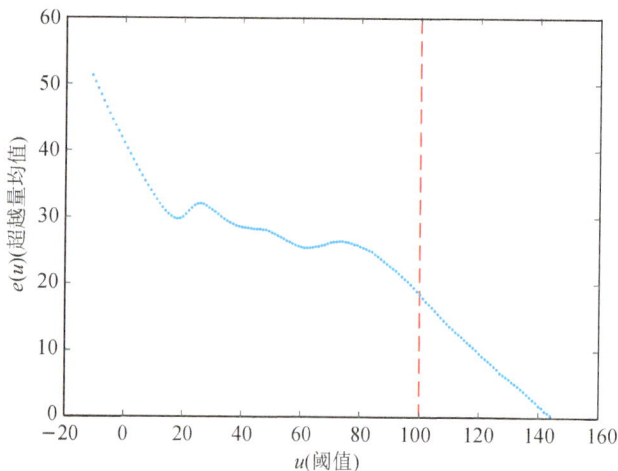

图 4.5　实测挖掘机工作装置外载荷均值超越函数图像

由图 4.5 可以看出，当阈值大于 100 kN 时，图线近似为线性趋势，根据前文介绍可知，所需阈值处于 100 kN 之后。此外，所选阈值既不能过小也不能过大，必须以提取的极值样本数量足以用于分布函数的拟合为前提，实测土方工况外载荷数据最大值为 144.94 kN，由此可以大致确定待选阈值区间为 $[100, 140]$。

为了确定一个最佳的阈值，在阈值区间为 $[100, 140]$ 的基础上，以 1 为间隔构成 40 个候选阈值。提取每个候选阈值以上的数据组成极值样本，并进行 GPD 分布参数估计，当形状参数与尺度参数随着阈值的增加变化不大时，该候选阈值为最佳阈值。为此，编写 Matlab 程序，用最大似然估计方法估计 GPD 分布参数，并绘制出形状参数和尺度参数与阈值关系的图像，如图 4.6 所示。

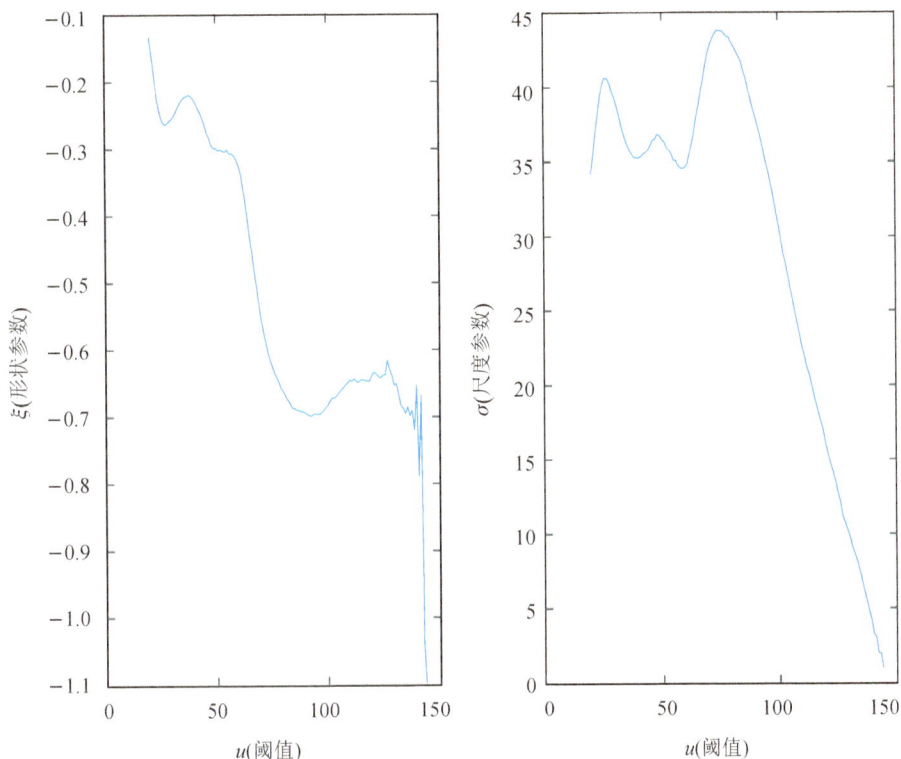

图 4.6　形状参数和尺度参数与阈值关系图像

根据 GPD 的累积分布函数式(4.4)，在已知 GPD 分布参数的前提下，可以通过反解公式(4.4)估算出每个候选阈值所对应的极值大小。求解过程如下：

当 $\xi \neq 0$ 时，对式(4.4)移项得到式(4.14)。

$$\left(1 + \xi \frac{x - u}{\sigma}\right)^{-\frac{1}{\xi}} = 1 - G(x) \tag{4.14}$$

在式(4.14)等式左右两边同时取 $-\xi$ 次方得到式(4.15)。

$$1 + \xi \frac{x - u}{\sigma} = (1 - G(x))^{-\xi} \tag{4.15}$$

对式(4.15)移项解方程得式(4.16)。

$$x = u + \frac{\sigma}{\xi} \left[(1 - G(x))^{-\xi} - 1 \right] \tag{4.16}$$

表 4.1 列出了不同候选阈值所对应的 GPD 参数估计值及其极值大小。

表 4.1　不同候选阈值所对应的 GPD 参数估计值及其极值

阈值/kN	形状参数	尺度参数	极值/kN	阈值/kN	形状参数	尺度参数	极值/kN
100	−0.682 98	30.7500	145.0229	120	−0.637 38	16.0262	145.1436
101	−0.676 84	29.8049	145.0348	121	−0.632 85	15.2889	145.1587
102	−0.671 38	28.9007	145.0466	122	−0.635 48	14.7116	145.1501
103	−0.670 68	28.2009	145.0482	123	−0.639 35	14.1540	145.1381
104	−0.668 23	27.4337	145.0539	124	−0.641 00	13.5465	145.1334
105	−0.663 85	26.5972	145.0646	125	−0.637 04	12.8332	145.1449
106	−0.659 78	25.7811	145.0753	126	−0.637 09	12.1970	145.1449
107	−0.656 09	24.9878	145.0856	127	−0.615 33	11.2091	145.2163
108	−0.651 65	24.1755	145.0988	128	−0.627 90	10.7833	145.1735
109	−0.648 61	23.4203	145.1084	129	−0.638 17	10.3025	145.1437
110	−0.644 58	22.6390	145.1217	130	−0.651 88	9.8500	145.11
111	−0.645 79	22.0330	145.1177	131	−0.649 71	9.1706	145.1149
112	−0.642 20	21.2760	145.1298	132	−0.667 45	8.7298	145.0792
113	−0.646 62	20.7665	145.1152	133	−0.682 50	8.2270	145.0543
114	−0.647 57	20.1474	145.1123	134	−0.686 38	7.5835	145.0485
115	−0.643 98	19.3992	145.1236	135	−0.693 93	6.9659	145.0384
116	−0.643 84	18.7514	145.1239	136	−0.684 70	6.1967	145.0503
117	−0.645 24	18.1439	145.1196	137	−0.697 13	5.6012	145.0348
118	−0.645 65	17.5091	145.1184	138	−0.689 46	4.8560	145.0431
119	−0.645 91	16.8696	145.1175	139	−0.718 51	4.3209	145.0137

由图 4.6 和表 4.1 分析可知，当候选阈值为 121 kN 时，形状参数变化幅度很小且对应的极值较其他候选阈值对应的极值大，因此选取 121 kN 作为 POT 模型时域外推的最佳阈值，相应的超越量参数估计结果如表 4.2 所示。

表 4.2　超越量参数估计结果

阈值/kN	超越量个数	形状参数	尺度参数
121	1612	−0.632 85	15.2889

　　基于最佳阈值 121 kN，选取大于 121 kN 的超越量作为极值样本并用 GPD 函数拟合极值样本，运用 Matlab 软件编写相应程序对 GPD 分布函数的累积分布函数图和概率密度分布图进行拟合；运用 SPSS 软件作出 P-P 图进行 GPD 分布拟合优度检验。GPD 分布拟合优度检验结果如图 4.7 所示。

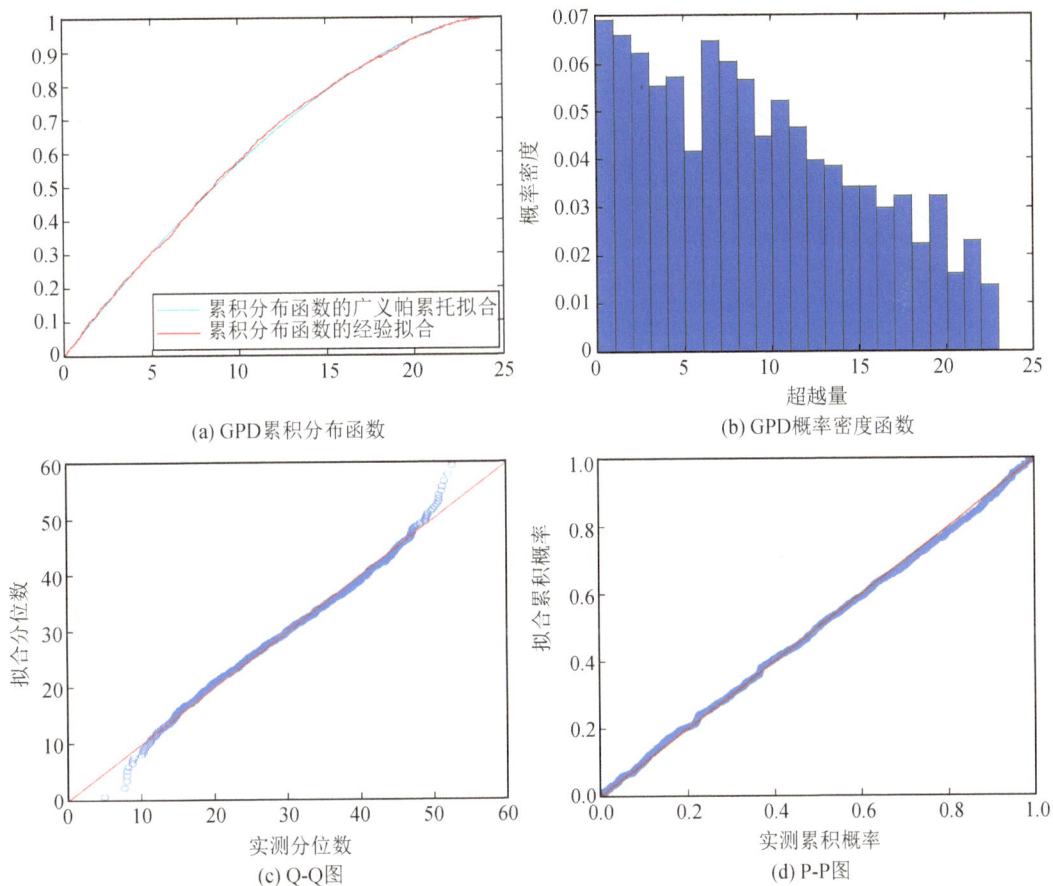

(a) GPD累积分布函数　　　　　　(b) GPD概率密度函数

(c) Q-Q图　　　　　　(d) P-P图

图 4.7　GPD 分布拟合优度检验结果

　　从图 4.7 可以看出，GPD 分布拟合效果很好，Q-Q 图显示拟合图线整体上沿参考线分布，在起始端和末尾处只有少量数据偏离参考线；P-P 图显示拟合曲线基本与参考线重合；由此表明所选阈值是合理的，同时也表明采用 GPD 分布对挖掘机工作装置载荷尾部数据进行建模是合理可行的。

　　挖掘机工作装置土方工况原始载荷样本数据个数为 68 842，其中大于阈值 121 kN 的数据个数为 1612，经过峰谷抽取及小波去除后剩余个数为 8160，经雨流计数之后得到的循环次数为 3463，要得到全寿命周期载荷时间历程只需将原始载荷时间历程重复 289 次，并运用 GPD 分布随机生成 289 组载荷数据替换原始载荷数据中的超越量。将挖掘机工作装置载荷数据外推 10 倍的结果与原始数据的对比如图 4.8、图 4.9 和图 4.10 所示。

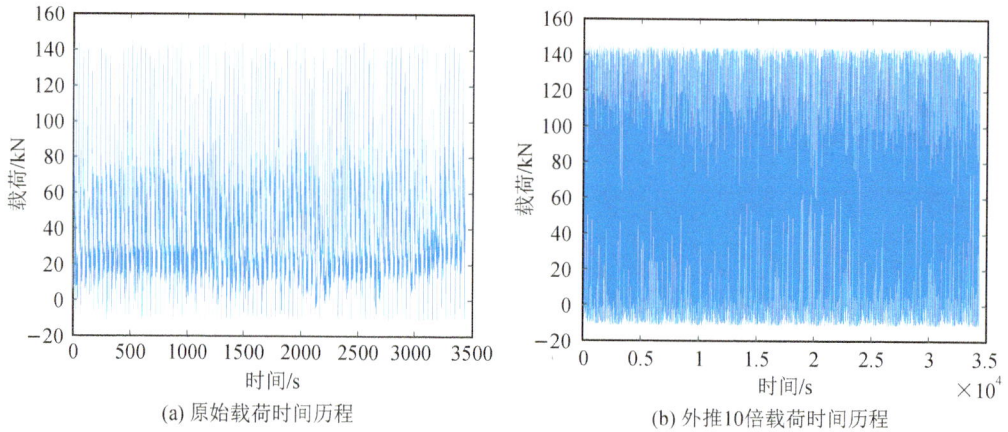

(a) 原始载荷时间历程

(b) 外推10倍载荷时间历程

图 4.8 土方工况载荷时间历程外推前后对比

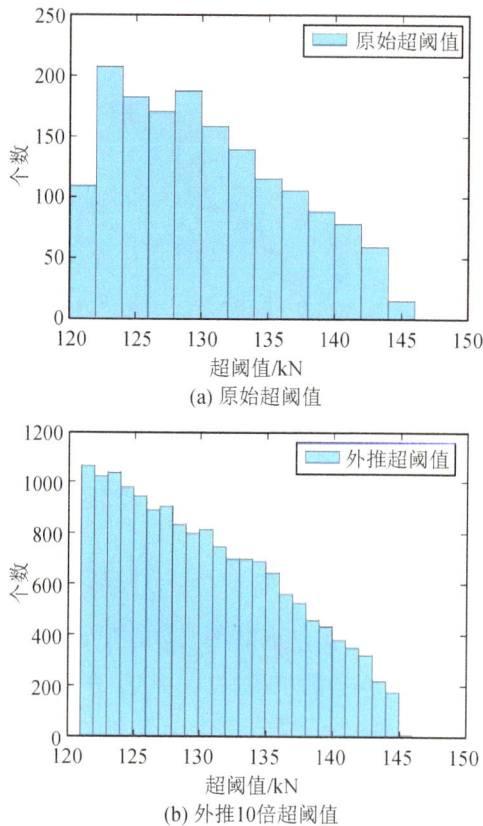

(a) 原始超阈值

(b) 外推10倍超阈值

图 4.9 土方工况外推前后超阈值统计对比

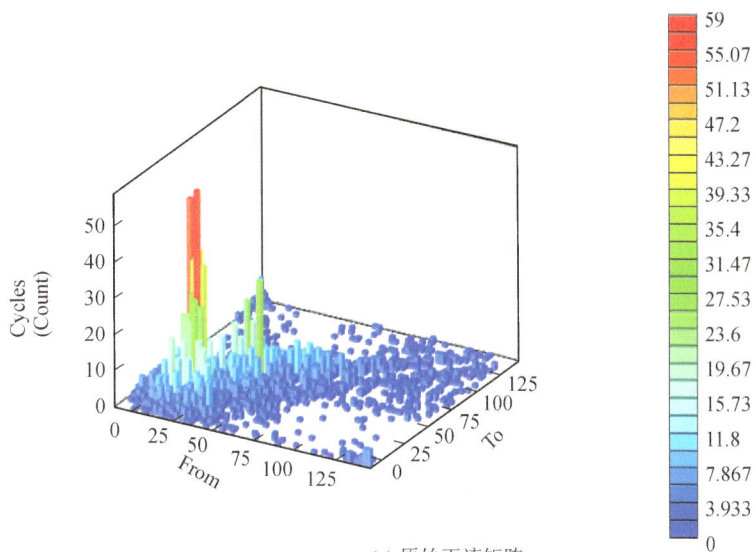

(a) 原始雨流矩阵

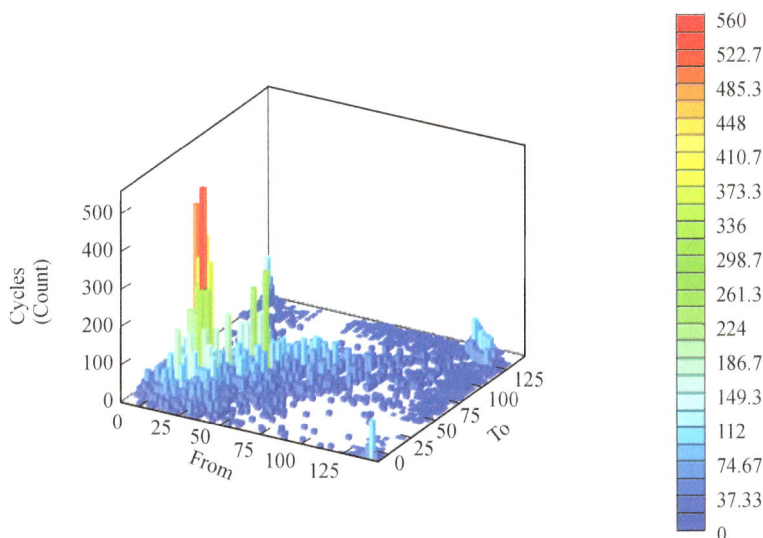

(b) 外推 10 倍雨流矩阵

图 4.10   土方工况外推前后雨流矩阵对比

　　对比分析如图 4.8 所示的原始载荷时间历程曲线与外推 10 倍的载荷时间历程曲线可以看出，采用 POT 模型对挖掘机工作装置外载荷进行外推之后，出现了更多的极值载荷，这些载荷都是试验测取过程中不曾出现的随机载荷，更加符合实际挖掘机作业过程中的载荷变化情况，且极值载荷处在合理范围之内。图 4.9 所示是对外推前后的超阈值载荷数据进行了统计，对比也可以看出外推之后的极值载荷数据更加丰富，同时这些载荷数据是由 GPD 分布函数随机生成的。图 4.10 所示是土方工况外推前后的雨流矩阵对比，对比外推前的雨流矩阵，可以看出外推后的雨流矩阵实现了频次的外推。以上对比分析表明，采用 POT 模型可以对挖掘机工作装置载荷进行合理外推。

采用本章方法将原始载荷外推至全寿命周期得到的二维载荷谱如表 4.3 所示。

表 4.3 挖掘机工作装置 POT 模型二维载荷谱

频次	幅值/kN							
	24.53	53.97	83.41	112.8	142.3	166.8	186.5	196.3
均值/kN −21.93	3426	4254	3548	601	26	2	0	0
6.64	95 426	165 132	5416	2458	43	0	0	0
35.24	214 875	54 264	20 145	2416	1007	94	0	0
63.84	151 143	24 895	24 879	19 847	2486	249	0	0
92.44	33 568	31 405	41 203	15 896	48 592	7529	189	4
121.0	20 074	4216	2078	4103	2576	102	0	0
149.6	6510	3548	5613	213	0	0	0	0
178.2	2546	46	41	0	0	0	0	0

4.2 基于混合分布的载荷外推

混合分布外推是目前最常用的载荷外推方法，其特点是前期需要对载荷均值和幅值的分布类型做出预判，通过预判的分布函数对总体载荷数据进行拟合，利用样本数据对载荷均幅值分布函数的参数进行估计。

本节根据挖掘机工作装置的载荷特性，通过雨流计数法做出了 4 种典型工况下载荷均值和幅值的频次矩阵。在此基础上，应用混合分布外推法建立了挖掘机工作装置载荷的外推模型。通过分析挖掘机工作装置载荷均值和幅值的分布特性，提出采用混合高斯分布模型来拟合载荷均值，采用三参数威布尔分布模型拟合载荷幅值；为了解决混合分布模型中参数估计困难的难题，采用 EM 算法进行混合模型参数估计。采用最大似然法估计三参数威布尔分布参数；根据载荷均值和幅值的相关性分析，构造了载荷均值和幅值的联合分布模型；最后，根据载荷外推累计频次、均值和幅值分布模型，编制出挖掘机工作装置典型工况下的载荷谱。

4.2.1 混合高斯分布

高斯混合模型假设所有的数据均服从混合高斯分布，并且每个高斯分布为一个簇。从理论上说，高斯混合模型可以拟合任意类型的概率分布，但从中心极限定理的角度分析，把混合模型假设为高斯分布模型更为合理。假设 X 是服从由 N 个高斯分布组合成的混合高斯分布，则这个分布可以由式（4.17）来表示。

$$X \sim \sum_{i=1}^{N} \omega_i N(\mu_i, \sigma_i) \tag{4.17}$$

式中：μ_i 为高斯分布均值；σ_i 为高斯分布方差；ω_i 为权重系数。

当 $\omega_i \geq 0$ 且 $\sum_{i=1}^{N} \omega_i = 1$ 时，X 的概率密度函数可由式（4.18）表示。

$$f_X(x) = \sum_{i=1}^{N} \omega_i \frac{1}{\sqrt{2\pi}\sigma_i} e^{-\frac{(x-\mu_i)^2}{2\sigma_i^2}} \tag{4.18}$$

Matlab 中高斯分布的概率密度函数由式（4.19）表示。

$$f'_X(x) = \sum_{i=1}^{N} a_i e^{-\left(\frac{x_i-b_i}{c_i}\right)^2} \tag{4.19}$$

混合分布所需权重系数、高斯分布均值和高斯分布方差如式（4.20）所示。

$$\begin{cases} \omega_i = \sqrt{\pi} a_i c_i \\ \mu_i = b_i \\ \sigma_i = \dfrac{c_i}{\sqrt{2}} \end{cases} \tag{4.20}$$

如果一组数据满足或近似满足高斯分布，则可将这组数据用高斯模型进行建模。然而在实际应用中，需要处理的数据不仅仅符合某一高斯分布函数。如果将这些数据只通过某一个高斯分布进行建模，则不能够全面地描述该组数据的分布情况，从而使聚类质量降低。考虑到这个问题，本章提出了采用混合高斯分布模型进行数据建模。混合高斯分布模型实际上就是将需要拟合的数据看作是服从有限个高斯分布，或者是服从有限个任意其他形式的分布。

前文中提到，混合高斯分布模型是由多个分布参数不同的高斯分布按照一定的比例构成的。基本函数个数的增加或者减少能够影响混合分布对于真实数据的逼近程度。所以，如何确定出最优函数个数对于混合分布模型的建立是至关重要的。确定出基本函数个数并给定对应函数的权重就可以得到所需的混合分布模型。如果基本函数个数选择过多，虽然可以使大部分数据被考虑到模型当中，但是某些节点会出现过拟合现象；反之，如果基本函数个数选择过少，又会使部分数据丢失，没有被考虑到分布模型当中，不能真实反映实际分布的统计特性，致使计算误差增大。

对于最优函数个数的研究已经开展了多年，经过很多学者的研究总结，目前最常用到的最优函数个数确定方法主要有赤池信息准则法（AIC 准则）、拟合优度检验法、统计归类法、最小信息比准则法等。目前拟合优度检验法是使用最为广泛的方法，这主要得益于其原理通俗易懂、计算简单，但是该方法计算所得结果偏于保守，往往造成载荷数据欠拟合。AIC 准则是衡量统计模型拟合优良性的一种标准，由日本统计学家赤池弘次在 1974 年提出，AIC 准则建立在熵的概念之上，它提供了权衡估计模型复杂度和拟合数据优良性的标准。本章采用 AIC 准则对最优函数个数进行计算。通常情况下，

AIC 准则是拟合精度和未知参数个数的加权函数，其表达式如式（4.21）所示。

$$AIC = 2k - 2\ln(L) \tag{4.21}$$

式中：k 为混合分布模型中未知参数的个数；L 为模型中极大对数似然函数值，其表达式如式（4.22）所示。

$$L(c) = \sum_{i=1}^{n} \sum_{j=1}^{k} \omega_j N_j (\mu_i, \sigma_i) \tag{4.22}$$

求得 AIC 值为最小值所对应的 k 值即为所求的最优函数个数。

EM（Expectation-Maximization）算法是一种聚类算法，是将数据集中的数据分成若干簇，使各簇之内数据相似度尽可能大，簇间相似度尽可能小。EM 算法是通过迭代进行极大似然估计的优化算法，一般是作为牛顿迭代法的代替，用于对数据缺失或者包含隐变量的概率模型进行参数估计。EM 算法的每一个标准计算框架均由 E 步和 M 步两部分组成：E 步是对似然函数条件期望的求解，M 步是使 E 步所得的条件期望最大化。简单性和稳定性是 EM 算法的两大性质。此算法是采用数据扩张的原理，将相对复杂的似然函数最优化问题转化为一些比较简单的函数优化问题。在已知最优函数个数的前提下，EM 算法可以用于估计混合分布中的未知参数。

EM 算法作为一种数据添加算法，针对当前科学研究中数据量大且存在数据缺失的问题，可实现数据的快速添加。EM 算法简单，能非常可靠地找到"最优的收敛值"。针对假性数据缺失问题，有时候缺失数据并非是真的缺少了，而是为了简化问题而采取的策略，这时 EM 算法被称为数据添加技术，所添加的数据通常被称为"潜在数据"，复杂的问题通过引入恰当的潜在数据，能够得到有效的解决。

EM 算法的计算步骤如下：

（1）计算出似然函数，并对似然函数取对数，则有：

$$H(\theta) = \ln L(\theta) = \ln \prod_{i=1}^{n} p(x_i, \theta) = \sum_{i=1}^{n} \ln p(x_i, \theta) \tag{4.23}$$

（2）E 步，由于每个样本所属类别是未知的，根据恒等变换和运用 Jensen 不等式，式（4.23）可变为式（4.24）。

$$
\begin{aligned}
H'(\theta) &= \sum_i \log p(x^{(i)}; \theta) \\
&= \sum_i \log \sum_{z^{(i)}} p(x^{(i)}, z^{(i)}; \theta) = \sum_i \log \sum_{z^{(i)}} Q_i(z^{(i)}) \frac{p(x^{(i)}, z^{(i)}; \theta)}{Q_i(z^{(i)})} \\
&\geqslant \sum_i \sum_{z^{(i)}} Q_i(z^{(i)}) \log \frac{p(x^{(i)}, z^{(i)}; \theta)}{Q_i(z^{(i)})}
\end{aligned} \tag{4.24}
$$

（3）M 步，最大化条件期望，得到新的参数值用于后续迭代：

$$\theta := \arg \max_{\theta} \sum_i \sum_{z^{(i)}} Q_i(z^{(i)}) \log \frac{p(x^{(i)}, z^{(i)}; \theta)}{Q_i(z^{(i)})} \tag{4.25}$$

交替重复 E 步和 M 步进行迭代，直至收敛。

4.2.2 均值和幅值联合分布

挖掘机工作装置载荷谱是挖掘机在实际工作中工作装置承受的载荷随时间的变化历程，通常用全寿命周期内载荷大小与频次的对应关系来表示。受时间和成本的限制，实测的载荷数据是有限的，这就需要建立外推模型来预测长期的载荷数据。目前，最常用的外推方法是混合分布外推法，它是通过实测载荷均幅值与频次的关系来获得其全寿命周期内载荷均值和幅值的联合分布模型。载荷均值和幅值的联合分布模型的建立流程如图 4.11 所示。

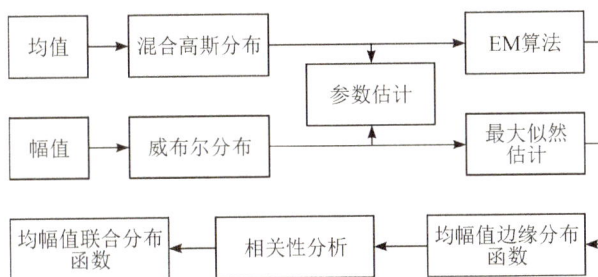

图 4.11 载荷均值和幅值联合分布模型建立流程

要获取载荷均值、幅值的分布情况，首先要通过雨流计数处理得到均值、幅值和循环频次的矩阵；然后绘制出均值、幅值的统计分布直方图，通过直方图可以直观的看出均值和幅值的分布情况，进而选取合适的分布去拟合载荷均值和幅值。常见的雨流矩阵形式有 From-To 矩阵、Range-Mean(幅值-均值)矩阵和 Max-Min 矩阵，如图 4.12 所示。在载荷谱编制的最后阶段，首选雨流矩阵中的 Range-Mean 矩阵。这里选取土方工况下的实测载荷数据作为实例，进行雨流计数，得到循环频次数(Cycles)、幅值(Range)和均值(Mean)的结果如图 4.13 所示。

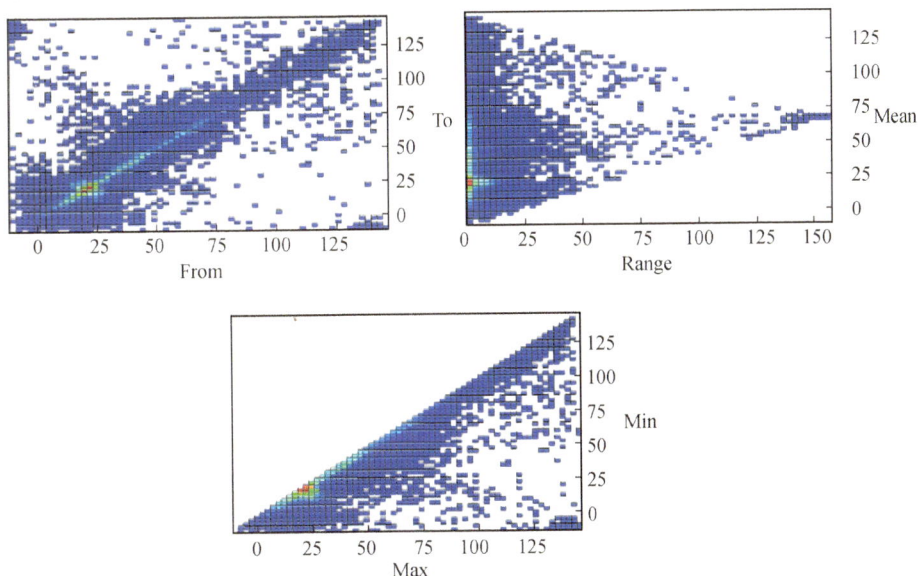

图 4.12 雨流矩阵的三种表示方法

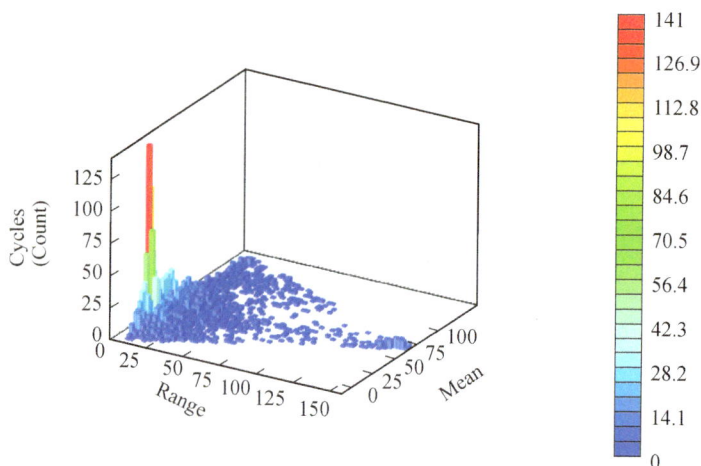

　　将雨流计数矩阵的结果拆分为均值频次直方图和幅值频次直方图，如图 4.14 所示。图 4.14(a)所示的载荷均值呈现多峰分布形式，不能简单地采用单一的正态分布或者对数正态分布去拟合，因此本章提出采用建立混合高斯分布模型的方法来拟合均值分布以提高计算精度。图 4.14(b)显示幅值载荷很大程度上服从威布尔分布，故采用威布尔分布去拟合载荷幅值分布，并分别用随机变量 X 和 Y 来表示均值、幅值。

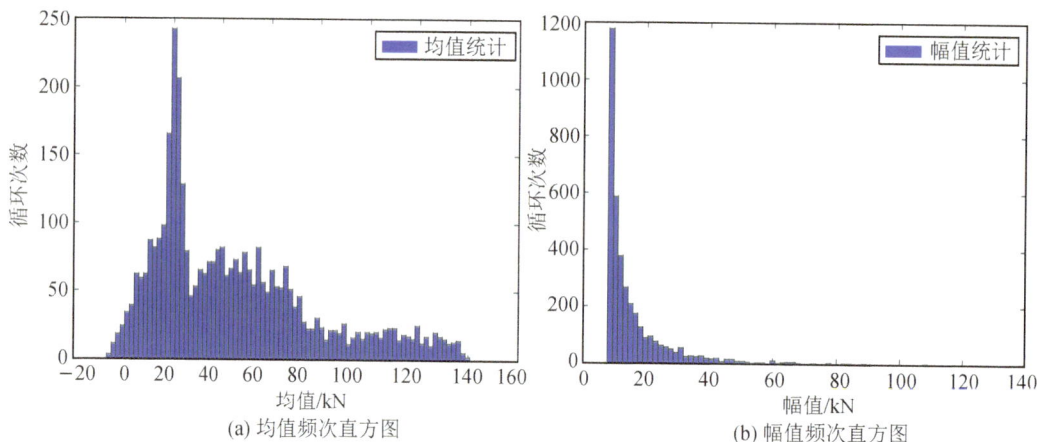

(a) 均值频次直方图　　　　　　　　　　(b) 幅值频次直方图

图 4.14　土方工况载荷均值和幅值统计结果

　　对载荷均值数据尝试使用正态分布和对数正态分布进行拟合，如图 4.15 所示，传统单一分布只能拟合数据中的一部分数据，而且拟合曲线和载荷实际分布走势偏差较大，从图 4.15 可以看出，如采用单一分布对载荷均值进行拟合，误差会很大，导致载荷外推与实际挖掘机作业载荷情况不符。为此，必须针对此问题探寻出更好的拟合方法，保证选取的分布可以尽可能的适应大部分载荷数据，得到的分布可以正确地描述挖掘机工作装置的载荷均值数据分布特征，采用此分布得出的外推载荷数据在运用到疲劳寿命预测中时，得出的结果会与实际更加贴合。

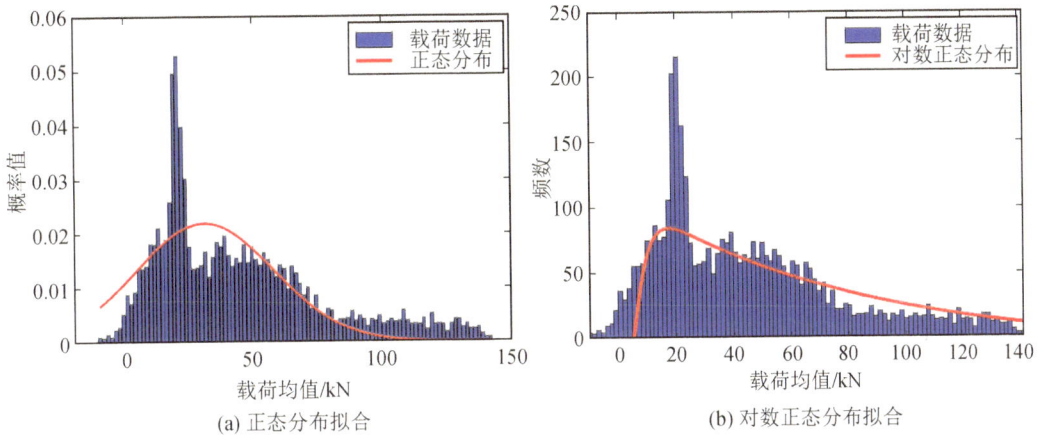

(a) 正态分布拟合　　　　　　　　　　(b) 对数正态分布拟合

图 4.15　传统分布拟合载荷均值

为此，本章提出采用混合高斯分布对载荷均值统计数据进行拟合。首先需要根据前文介绍的 AIC 准则计算出最优函数个数，设分布函数个数取值范围为 $[1,5]$，计算求得每种基本函数个数下对应的 AIC 值，做出的图像如图 4.16 所示。

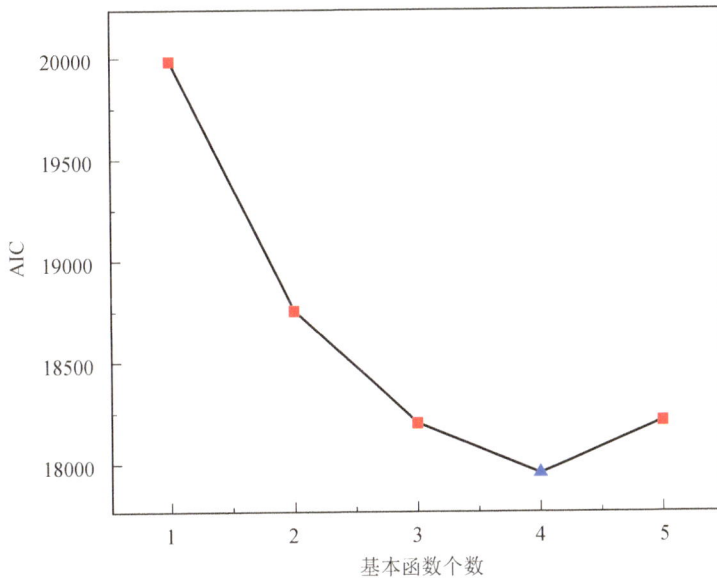

图 4.16　各基本函数个数对应的 AIC 值

最小 AIC 值对应的函数个数值即为最优函数个数，由图 4.16 得出当基本函数个数为 4 时，AIC 取得极小值，因此 $N=4$ 即为最优函数个数。在得出最优函数个数的基础上，可运用 EM 算法估计出混合分布模型中的未知参数，具体参数估计结果如表 4.4 所示。

表 4.4　混合高斯分布参数估计结果统计

	$N=1$	$N=2$	$N=3$	$N=4$
ω	1	0.159 51 0.840 49	0.2165 0.7219 0.0616	0.1859 0.6390 0.0927 0.0824
μ	31.22	20.28 37.94	20.44 43.23 10.73	20.48 43.12 10.76 114.5
σ	26.8347	2.1446 32.2016	2.1347 28.7368 4.6789	2.0944 23.4335 6.1744 19.6434

　　对土方工况下的挖掘机工作装置载荷均值采用混合高斯分布进行拟合，结果如图4.17 所示。

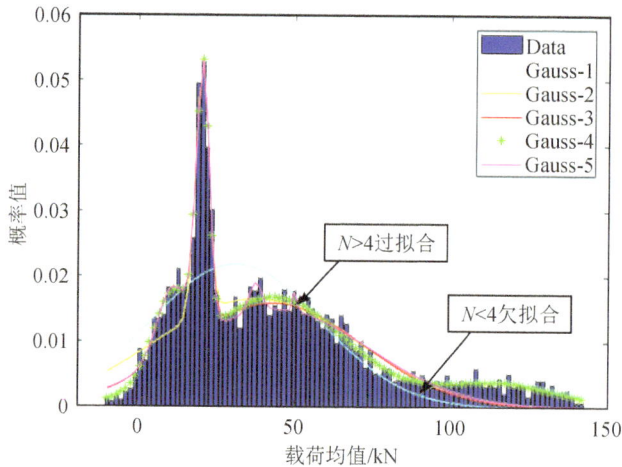

图 4.17　土方工况均值高斯混合分布拟合图

　　从图 4.17 中可以看出，当 $N<4$ 时，高斯分布只能拟合部分载荷样本数据，而对小载荷部分及尾部数据未能拟合，原因是基本函数个数选取偏小，导致在该模型下只能对均值分布的局部区域进行拟合，有些区域的数据分布情况没有被考虑进去，致使在该模型下混合分布不能够准确描述均值数据的分布情况；当 $N=5$ 时，在数据大于70 kN 的范围内混合分布不能够很好地拟合均值样本尾部数据，且在局部区域出现尖峰，即过拟合现象，事实上这些区域对于样本整体分布的影响是微乎其微的，可以不作考虑；当 $N=4$ 时，拟合曲线基本和数据走势重合，表明四重高斯混合分布已经能够对

均值载荷数据进行很好地拟合。因此，采用 $N=4$ 时的高斯混合分布模型最能平滑的拟合载荷样本均值分布。以上分析也验证了前文所提最优函数个数求解准则及 EM 算法对于混合分布求解的适应性。

对 3 种作业工况下的混合高斯分布拟合进行拟合优度评估，其均值拟合及参数估计评估结果如表 4.5 所示。误差平方和（SSE）又称残差平方和、组内平方和，在根据 n 个观察值拟合了适当的模型之后，剩余未能拟合的部分称为残差，所有 n 个残差平方之和称为误差平方和，在回归分析中，误差平方和用来表明函数拟合的好坏，其值越小表明拟合效果越好；均方根误差（RMSE）是预测值与真实值的偏差的平方与观测个数 n 比值的平方根，用来衡量观测值与真实值之间的偏差，评估参数估计的准确度；决定系数 R^2 是曲线拟合吻合程度评价的一个重要参数，其值越接近 1，表明拟合的效果越好。

表 4.5　均值拟合及参数估计评估结果

工况	误差平方和（SSE）	均方根误差（RMSE）	决定系数 R^2
土方	4.2285×10^{-4}	0.0022	0.9501
石方	1.5153×10^{-4}	0.0013	0.9844
剥离	4.9592×10^{-4}	0.0024	0.9715

由表 4.5 可以得出，挖掘机 3 种作业工况下载荷均值拟合效果很好，表明采用混合高斯分布模型对挖掘机工作装置载荷均值建模是合理的。挖掘机工作装置 3 种作业工况下的载荷均值混合高斯分布拟合结果如图 4.18 所示。

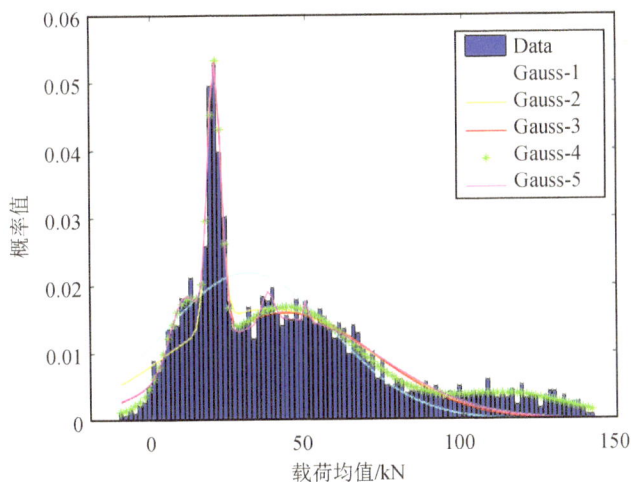

(a) 土方工况均值拟合

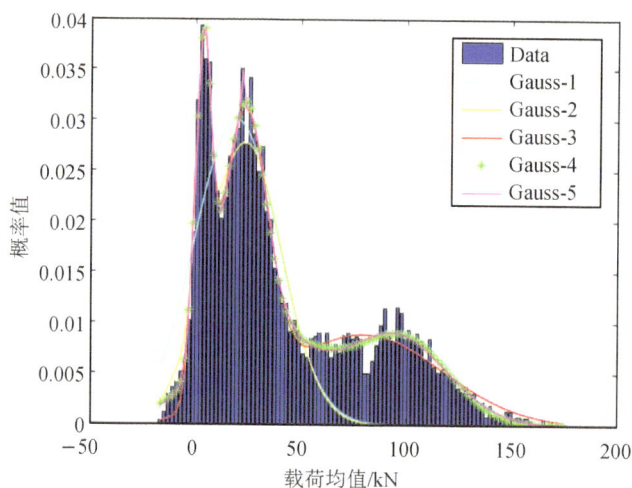

(b) 石方工况均值拟合

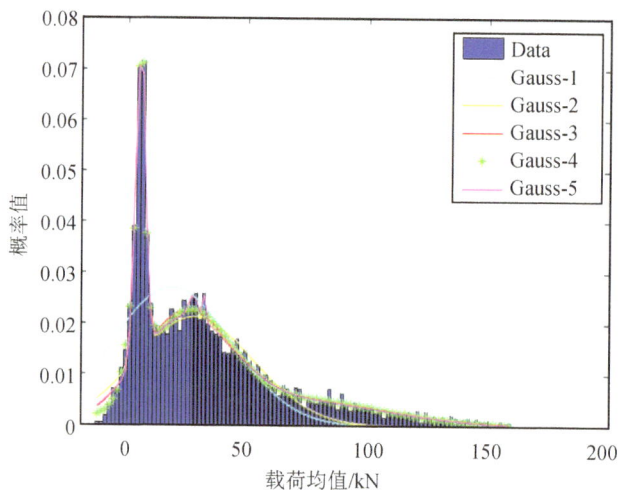

(c) 剥离工况均值拟合

图 4.18　3 种作业工况下载荷均值混合高斯分布拟合结果

　　根据图 4.14(b)幅值频次直方图，确定采用威布尔分布模型对挖掘机工作装置载荷幅值进行建模。首先对 3 种工况下的载荷幅值数据做威布尔分布检验，检验结果如图 4.19 所示。

　　结合图 4.14(b)和图 4.19 可以看出，挖掘机工作装置在 3 种作业工况下的载荷幅值数据都满足威布尔分布。三参数威布尔分布的概率密度函数如式(4.26)所示。

$$f(y) = \frac{k}{\lambda} \left(\frac{y - \mu}{\lambda} \right)^{k-1} e^{-\left(\frac{y-\mu}{\lambda} \right)^{k}} \tag{4.26}$$

式中：k 为三参数威布尔分布的形状参数；λ 为三参数威布尔分布的尺度参数；μ 为三参数威布尔分布的未知参数。

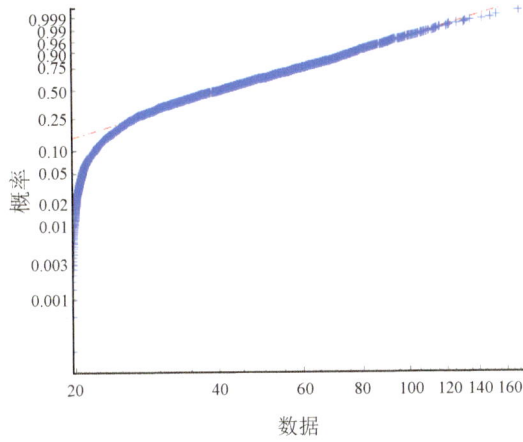

(a) 土方工况载荷幅值威布尔检验

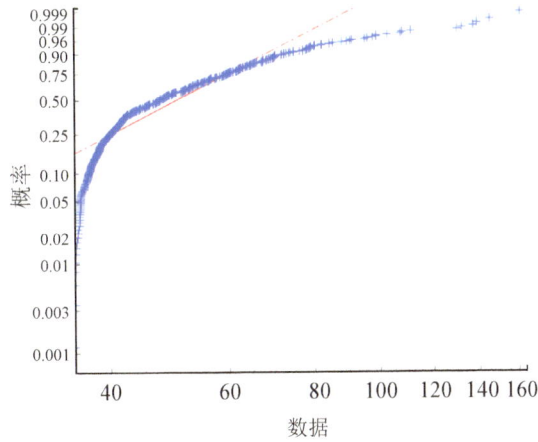

(b) 石方工况载荷幅值威布尔检验

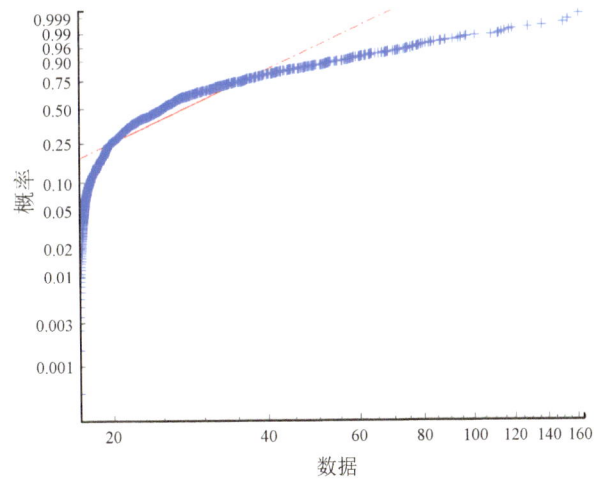

(c) 剥离工况载荷幅值威布尔检验

图 4.19　3 种工况下载荷幅值数据威布尔分布检验结果

编写 Matlab 程序，采用极大似然估计法对载荷幅值三参数威布尔分布进行分布参数估计，图 4.20 所示为三参数威布尔分布参数的特征。

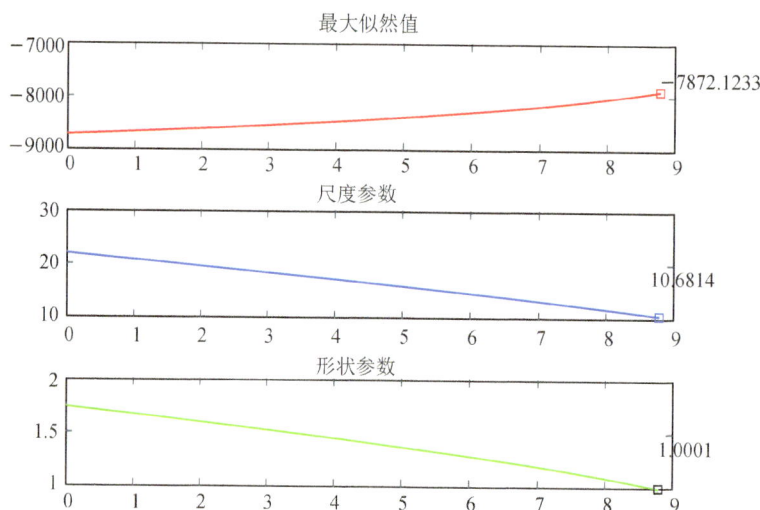

图 4.20　三参数威布尔分布参数的特征

图 4.21 所示为土方工况下挖掘机工作装置载荷幅值数据拟合结果，从图 4.21 可以看出，三参数威布尔分布很好地拟合了挖掘机工作装置的载荷幅值数据，二参数威布尔分布与实际数据统计分布有一定偏差，相较二参数威布尔分布，三参数威布尔分布对于挖掘机工作装置载荷幅值有很好的适应性。

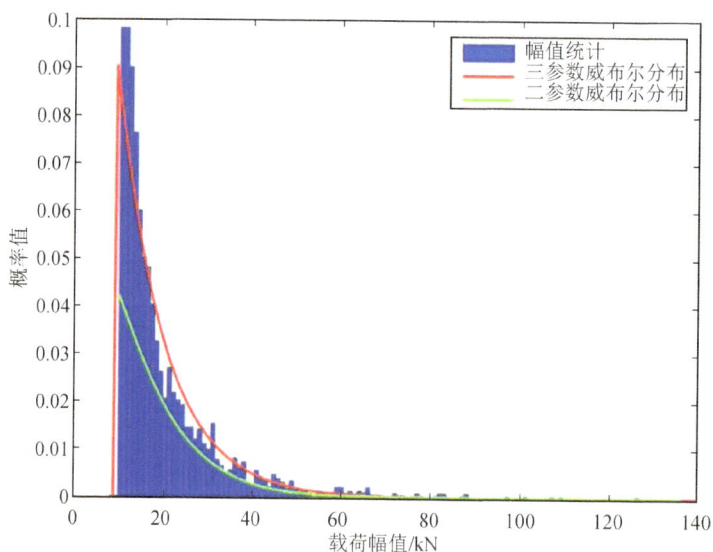

图 4.21　土方工况下挖掘机工作装置载荷幅值数据拟合结果

在对挖掘机工作装置外载荷均值和幅值分布进行拟合及对分布参数进行估计之后，得到了土方工况下挖掘机工作装置外载荷均值和幅值分布拟合参数估计结果，如表 4.6 所示。

表 4.6　均值和幅值分布拟合参数估计结果

均　值	幅　值
$\omega_1 = 0.1856$，$\mu_1 = 20.48$，$\sigma_1 = 2.094\,450\,2$	$\lambda = 10.681$
$\omega_2 = 0.6390$，$\mu_2 = 43.22$，$\sigma_2 = 23.433\,518$	$k = 1.0001$
$\omega_3 = 0.0927$，$\mu_3 = 10.76$，$\sigma_3 = 6.174\,456\,4$	$\mu = 8.7937$
$\omega_1 = 0.0824$，$\mu_4 = 114.5$，$\sigma_4 = 19.643\,426$	

在得到挖掘机工作装置幅值和均值的分布参数之后，就可以通过推导求得关于均值数据分布的特征值，用于后续均值和幅值分布的相关性检验。

混合高斯分布的函数表达式如式（4.27）所示。

$$f_X(x) = \sum_{i=1}^{N} \omega_i f(x \mid \mu_i, \sigma_i^2) \tag{4.27}$$

每个高斯分布的概率分布函数如式（4.28）所示。

$$f(x \mid \mu_i, \sigma_i^2) = \frac{1}{\sqrt{2\pi}\,\sigma_i} e^{-\frac{(x-\mu_i)^2}{2\sigma_i^2}} \tag{4.28}$$

由数理统计知识，变量 X 的均值和方差如式（4.29）所示。

$$\begin{cases} \mu = E\{X\} \\ \sigma^2 = \mathrm{Var}\{X\} \end{cases} \tag{4.29}$$

进而可以求得变量 X 的均值和方差分别如式（4.30）和式（4.31）所示。

$$\mu = \int_{-\infty}^{\infty} x f_X(x)\,\mathrm{d}x = \sum_{i=1}^{N} \omega_i \int_{-\infty}^{\infty} x f(x \mid \mu_i, \sigma_i^2)\,\mathrm{d}x = \sum_{i=1}^{N} \omega_i \mu_i \tag{4.30}$$

$$\begin{aligned} \sigma^2 &= E\{|X - \mu|^2\} = \sum_{i=1}^{N} \omega_i \int_{-\infty}^{\infty} (x - \mu)^2 f(x \mid \mu_i, \sigma_i^2)\,\mathrm{d}x \\ &= \sum_{i=1}^{N} \omega_i \left\{ \int_{-\infty}^{\infty} x^2 f(x \mid \mu_i, \sigma_i^2) + \mu^2 \int_{-\infty}^{\infty} f(x \mid \mu_i, \sigma_i^2)\,\mathrm{d}x - 2\mu \int_{-\infty}^{\infty} x f(x \mid \mu_i, \sigma_i^2)\,\mathrm{d}x \right\} \\ &= \sum_{i=1}^{N} \omega_i \{ \mu_i^2 + \sigma_i^2 + \mu^2 - 2\mu\mu_i \} = \sum_{i=1}^{N} \omega_i (\mu_i^2 + \sigma_i^2) + \mu^2 - 2\mu \sum_{i=1}^{N} \omega_i \mu_i \\ &= \sum_{i=1}^{N} \omega_i (\mu_i^2 + \sigma_i^2) - \mu^2 \end{aligned} \tag{4.31}$$

利用上文得出的分布特征值，通过编写 Matlab 软件程序可进行挖掘机工作装置均值和幅值的拟合分布卡方检验。卡方检验是专用于解决计数数据统计分析的假设检验法。卡方检验主要有两个应用：拟合性检验和独立性检验。拟合性检验是用于分析实际次数与理论次数是否相同，适用于单个因素分类的计数数据；独立性检验用于分析各有多项分类的两个或两个以上的因素之间是否有关联或是否独立。通过计算得知 3 种工况下的载荷均值和幅值符合显著性水平 0.05 条件下的卡方检验，所以认为挖掘工作装置载荷均值和幅值是不相关的。由此得到挖掘机工作装置载荷均值和幅值联合分布模型如式(4.32)所示。

$$f(x,y)=f_X(x)f_Y(y)=\sum_{i=1}^{N}\omega_i f(x\mid\mu_i,\sigma_i^2)\cdot\frac{k}{\lambda}\left(\frac{y-\mu}{\lambda}\right)^{k-1}e^{-((y-\mu/\lambda))^k} \quad (4.32)$$

4.2.3 实测载荷时域外推

为了编制挖掘机工作装置载荷谱，首先需要在均值和幅值联合分布模型的基础上确定出外推累积频次。在工程上一般以 10^6 累积频次作为全寿命周期的载荷循环，且认为 10^{-6} 是极值载荷出现的概率。在载荷谱编制中，均值划分是按照等间隔划分的，利用雨流计数结果中的幅值最大值和 Cover 系数(1、0.95、0.85、0.725、0.575、0.425、0.275、0.125)进行幅值划分。将不同介质下的 8×8 级二维矩阵按相同载荷区间进行归类叠加，即可求得基于混合分布外推的二维载荷谱。在求得均值和幅值联合分布函数之后，运用式(4.33)可以求得对应均值和幅值区间下的载荷循环次数，并运用式(4.34)进行工况合成。

$$n_{ij}=N\int_{R_i}^{R_{i+1}}\int_{M_j}^{M_{j+1}}f(x,y)\,dx\,dy \quad (4.33)$$

$$n'_{ij}=\sum_{k=1}^{4}n_{ij} \quad (4.34)$$

式中：R_i、R_{i+1} 为幅值在 $(i,i+1)$ 区间的上、下限；M_j、M_{j+1} 为均值在 $(j,j+1)$ 区间的上、下限；$f(x,y)$ 为均值和幅值联合分布函数；N 为对应每种工况下的外推载荷循环次数。

将上文求得的载荷均值和幅值联合概率密度函数 $f(x,y)$ 代入式(4.33)中，并结合参数估计结果编制 Matlab 程序，可得到挖掘机工作装置参数法二维载荷谱结果如表 4.7 所示。

表 4.7 挖掘机工作装置参数法二维载荷谱结果

频次		幅值/kN							
		21.24	46.72	72.19	97.68	123.16	144.40	161.39	169.88
均值 /kN	−3.93	2150	3068	4526	56	0	0	0	0
	21.69	115 682	130 06	5686	4563	0	0	0	0
	47.34	306 002	86 346	10 626	6164	2546	542	0	0
	72.99	141 134	64 232	42 443	25 642	2431	546	246	5
	98.64	42 126	21 256	33 310	25 122	12 376	9640	523	9
	124.29	12 900	5456	1968	3354	1320	0	0	0
	149.94	4434	3546	5632	0	0	0	0	0
	175.59	1356	365	3	0	0	0	0	0

4.3　基于核密度估计的非参数雨流外推

工程机械的作业环境复杂恶劣，具有一机多用、作业方式多变等特点。通常情况下，将实测载荷-时间历程进行雨流计数后，得到的雨流矩阵形状是不规则的，用简单的单一分布难以表示雨流矩阵分布的所有特征。因此，学者 D. F. Socie 提出了基于核密度估计的非参数雨流外推方法。由于核密度估计不需要假设样本数据服从某种分布，因此可以突破对母体分布的依赖，对载荷概率密度进行准确非参数估计。与参数雨流外推相比，非参数雨流外推具有较强的适用性。非参数雨流外推不但能够对载荷和频次实现双向外推，而且可以对大载荷进行很好的预测。

非参数估计（Nonparametric Estimation）是在已知样本所属的类别且不假定总体分布的情况下，基于大样本的性质，直接利用样本估计出整个函数。在很多情况下，我们对样本的分布并没有充分的了解，无法事先给出密度函数的形式，而且有些样本分布的情况也很难用简单的函数来描述，在这种情况下，就需要用到非参数估计。

4.3.1　核密度估计模型

由给定样本集合求解随机变量的分布密度函数问题是概率统计学的基本问题之一。解决这一问题的方法包括参数估计和非参数估计。Rosenblatt 和 Parzen 提出了非参数估计方法，即核密度估计方法。由于核密度估计方法不利用有关数据分布的先验知识，对数据分布不附加任何假定，是一种从数据样本本身出发来研究数据分布特征的方法，因而，在统计学理论和应用领域均受到高度的重视。核密度估计（Kernel Density Estimation）在概率论中用来估计未知的密度函数，属于非参数检验方法之一，由 Rosenblatt（1955）和 Parzen Emanuel（1962）提出，又名 PARZEN 窗。Ruppert 和 Cline 基于数据集密度函数聚类算法提出了修正的核密度估计方法。因此，一句话概括，核密度估计是在概率论中用来估计未知的密度函数，属于非参数检验方法之一。核密度估计有多种内核，TKD（Tophat Kernl Density）为不平滑内核，GKD（Gaussian Kernel Density）为平滑内核。在很多情况下会选择平滑内核进行核密度估计。除了核函数的选择外，带宽（bandwidth）也能影响核密度估计，过大或过小的带宽值都会影响估计结果。

核密度估计是一种用于估计概率密度函数的非参数方法，假设 $x_1, x_2, \cdots, x_n$ 为

独立同分布 F 的 n 个样本点，设其概率密度函数为 f，则其核密度估计如式（4.35）所示。

$$f_h'(x) = \frac{1}{h}\sum_{i=1}^{n} K(x - x_i) = \frac{1}{nh}\sum_{i=1}^{n} K\left(\frac{x - x_i}{h}\right) \tag{4.35}$$

式中：$K(\cdot)$ 为核函数，非负且积分为 1；$h > 0$ 是平滑参数，称为带宽；n 为样本个数。

从式（4.35）可以看出，概率密度函数 $f_h'(x)$ 是关于核函数 $K(\cdot)$ 及带宽 h 的函数，由此可以得知，如何准确地选取核函数及带宽参数对于核密度估计精度至关重要。只要带宽参数与核函数类型选择恰当，核密度估计就能够无限逼近实际数据的样本模型，从而准确地估计模型分布。

使用核密度估计原理对多维样本数据进行估计，是运用核密度估计方法对多变量下的概率密度函数进行估计。核密度估计的这种特性，使之可以运用到工程中的多维数据挖掘。在载荷谱外推中，雨流矩阵的形式为二维结构，因此需要将核密度估计从一维扩展到二维。二维核密度估计原理与一维核密度估计原理的基本思想是相同的，其函数如式（4.36）所示。

$$f_h(x) = \frac{1}{nh^2}\sum_{i=1}^{n} K\left(\frac{x - x_i}{h}, \frac{y - y_i}{h}\right) \tag{4.36}$$

大量研究表明，当选取高斯核函数或者 Epanechnikov 核函数作为核密度来估计核函数时，带宽参数可以依据经验公式（4.37）来计算。

$$h = \sigma \cdot A(K)n^{-1/6} \tag{4.37}$$

式中：σ 为初值与终值标准差中的较小值；在选取高斯核函数作为核密度时，$A(K)$ 取值为 1；在选取 Epanechnikov 核函数作为核密度时，$A(K)$ 取值为 2.4。

核密度估计的原理很容易理解，在知道某一对象的概率分布的情况下，如果某一个数在观察中出现了，则可以认为这个数的概率密度很大，和这个数比较近的数的概率密度也会比较大，而那些离这个数较远的数的概率密度会比较小。核密度估计其实就是通过核函数将每个数据点的数据加带宽当作核函数的参数，运用得到的 N 个核函数，再线性叠加就形成了核密度的估计函数，归一化后就可以得到核密度概率密度函数。

非参数核密度估计中的一个重要参数是核函数，不同的核函数有着不同的形状。核函数本质上是属于加权函数，在选取核函数时要根据具体数据分布情况进行选取。当数据主要沿对角线分布时，采用椭圆形核函数进行计算；当载荷数据分布比较均匀时，采用方形核函数（均匀核）效果会比较好。核函数形状决定了在计算某一点概率密度时样本点对于这一点概率密度估计的贡献情况。核函数的性质如式（4.38）所示。

$$\begin{cases} K(x) \geqslant 0, x \in \mathbb{R} \\ \displaystyle\int_{-\infty}^{\infty} K(x)\mathrm{d}x = 1 \end{cases} \tag{4.38}$$

常用到的核函数有均匀（Uniform）核函数、Epanechnikov 核函数、三角（Triangle）

核函数、高斯(Gaussian)核函数及四次(Quartic)核函数等。图 4.22 显示了常用不同类型的核函数形状。表 4.8 所示为对应于图 4.22 各核函数的数学表达式。

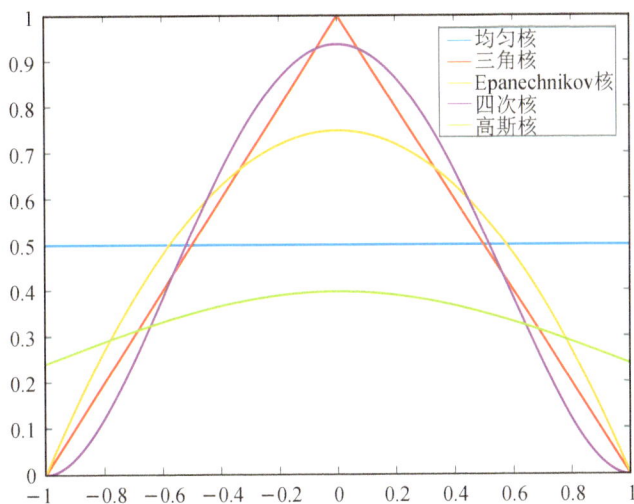

图 4.22　常用不同类型核函数形状

表 4.8　常用不同类型核函数表达式

核函数	数学表达式
均匀核	$K(x) = \dfrac{1}{2}$
三角核	$K(x) = 1 - \lvert x \rvert$
Epanechnikov 核	$K(x) = \dfrac{3}{4}(1 - x^2)$
四次核	$K(x) = \dfrac{15}{16}(1 - x^2)^2$
高斯核	$K(x) = \dfrac{1}{\sqrt{2\pi}} \mathrm{e}^{-\frac{1}{2}x^2}$

　　带宽参数的确定对核密度估计的准确度来说是至关重要的。通常来讲，带宽的大小决定了核密度估计函数的平滑程度，带宽值选取越小，曲线波动会越大；反之，带宽值选取越大，曲线越光滑。对于概率密度估计来说，当带宽选取过大时，在每个样本点的核密度估计会过于分散，方差虽然小，但是偏差非常大，忽略了很多样本点的概率密度特征，导致经过核密度估计的概率密度曲线会太过光滑，核密度估计效果不佳；当带宽选取过小时，每个样本点的核密度估计又过于集中，偏差减小而方差增大，导致概率密度曲线在每个样本点处波动很大，曲线平滑性差。因此，合适的带宽值对于非参数核密度估计结果至关重要。为了说明带宽参数选取对于核密度估计的影响效果，下面采

用 Matlab 软件随机生成一组符合正态分布的数组，采用 Epanechnikov 核函数并选取 4 种不同带宽参数对其进行核密度估计，其结果如图 4.23 所示。

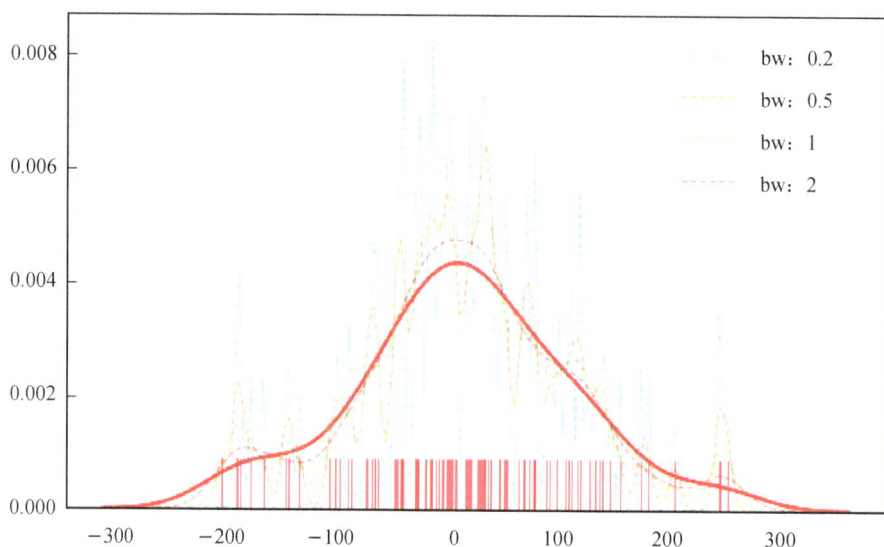

图 4.23 不同带宽参数核密度估计

从图 4.23 中可以看出，当选取 0.2 作为带宽参数时，概率密度曲线出现很多尖峰，表明所选的带宽参数过小，导致在核密度估计过程中每个样本点的权重被过分放大，致使曲线极不平滑；当带宽参数选取为 2 时，概率密度曲线比带宽参数为 0.2 时的概率密度曲线相对平滑，尖峰幅度减小且与实际样本分布更加贴合。由此说明合理地选取带宽参数对于核密度估计精度有很大的影响。

非参数核密度估计方法事实上是选取实测载荷中的每个数据点作为中心，对每个点的位置添加带宽参数 h 作为该点的影响半径而进行的概率密度求解，载荷数据点距离该中心点越近，获得的概率密度值就越大，把所有点的概率密度值相加就可求得代表样本数据的全局概率密度。运用到实际中，由经验公式所求得的带宽是一个常数，并非最优带宽。根据前文可知，土方工况下的实测载荷数据分布情况并不是均匀的，大载荷和小载荷两端数据分布分散，而中间部分载荷数据分布集中，因此对整体载荷数据采用相同带宽参数进行核密度估计是不准确的，因此需要对传统固定带宽参数进行修正。

自适应带宽是在固定带宽参数的基础上，通过修正带宽参数得到的。为了解决固定带宽参数对于核密度估计精度的影响，采用了自适应带宽（可变带宽）算法进行非参数核密度估计，避免使用常规固定带宽带来的误差。自适应带宽使核密度估计更加灵活，充分考虑了数据分布的不均匀性，使外推结果与实际情况更加接近。自适应带宽的求取步骤如下：

（1）由经验公式求得初始带宽 h，求解密度函数 $f(x, y)$；

（2）引入带宽参数自适应因子 λ_i，根据每一个点的密度值 (x_i, y_i) 按照式（4.39）计算自适应因子。

$$\lambda_i = \sqrt{\frac{f(x_i, y_i)}{\left(\prod_{i=1}^{n} f(x_i, y_i)\right)^{-n}}} \tag{4.39}$$

（3）根据自适应因子，求解密度分布函数 $\hat{f}(x, y)$。

引入带宽参数自适应因子之后，二维核密度估计函数如式（4.40）所示。

$$\hat{f}(x, y) = \frac{1}{n} \sum_{i=1}^{n} \left[\frac{1}{(h\lambda_i)^2} K\left(\frac{x - X_i}{h\lambda_i}, \frac{y - Y_i}{h\lambda_i} \right) \right] \tag{4.40}$$

相较于固定带宽参数的核密度估计，自适应带宽参数是根据已有载荷数据样本的概率，通过引入自适应因子来确定每个样本数据点概率密度估计的影响半径大小。对于载荷样本数据分布较为分散的区域，会选取较大的带宽值，使其对样本整体的影响不被弱化；同理，对于载荷样本数据分布较为集中的区域，带宽参数会相应地减小，保证该部分数据对样本整体的影响不被过分地扩大。

采用非参数核密度估计进行挖掘机工作装置载荷谱外推的流程如下：

（1）对 3 种工况下的实测载荷数据进行雨流计数统计，即将时域载荷转化为雨流域载荷，得到 From-to 形式的雨流矩阵。

（2）对得到的 From-to 二维雨流矩阵进行二维核密度估计，进而得到二维概率密度函数 $f(x, y)$，(x, y) 对应于矩阵中的每一个坐标位置，x 对应载荷起始值，y 对应载荷终止值。

① 选取 Epanechnikov 核函数作为非参数核函数来估计核密度；

② 根据实测载荷数据，计算得到初始核密度带宽参数 h；

③ 计算出带宽自适应因子，采用自适应带宽算法对载荷矩阵进行自适应带宽核密度估计；

（3）利用核密度估计确定概率密度函数，采用蒙特卡洛方法模拟生成随机载荷，完成载荷谱外推。

4.3.2　实测载荷雨流外推

在对挖掘机工作装置载荷进行外推之前，首先需要对挖掘机作业工况进行合成。使用的实测数据来自于挖掘机土方、石方、剥离 3 种能够代表挖掘机实际作业的工况，在不同工况下作业对于挖掘机工作装置造成的疲劳损伤是不一样的。对 3 种工况合成使之能够编制出真实代表挖掘机作业的载荷谱。挖掘机工作装置 3 种作业工况的使用比例和合成系数如表 4.9 所示。

表 4.9　挖掘机工作装置 3 种作业工况的使用比例和合成系数

工况	工况比例	理论斗数/斗	现有斗数/斗	合成系数
土方	0.4	400	98	4.08
石方	0.4	400	86	4.66
剥离	0.2	200	89	2.25

根据挖掘机对 3 种物料的使用比例，结合试验测取的实际作业斗数，按照比例合成了 1000 斗作业样本，3 种工况下的合成系数及工况比例如表 4.9 所示。其中，合成系数为理论斗数与现有斗数的比值，工况比例是根据挖掘机实际作业工况统计得出的。

在工况合成之后，经过雨流计数计算出原先各种工况的载荷循环数，并结合表 4.9 中的合成系数就可以计算出合成 1000 斗之后的扩展循环数，如表 4.10 所示。当作业斗数由原先的 367 斗扩展为 1000 斗时，挖掘机工作装置载荷循环频数由 16 431 扩展到 45 773。要使挖掘机工作装置载荷外推至 10^6 频次，需要的外推倍数为 21.84。

表 4.10　3 种工况雨流计数频次统计

工况	土方	石方	剥离
原始频数	5234	3463	4473
扩展频数	10 677	8068	20 083

按照上文所述非参数核密度估计方法步骤，对挖掘机 3 种工况下及工况合成后的外载荷数据进行非参数核密度估计外推，挖掘机工作装置外载荷非参数核密度外推前后对比如图 4.24 所示，挖掘机工作装置外推后雨流计数结果及外推前、后幅值频次累积曲线变化如图 4.25 所示。

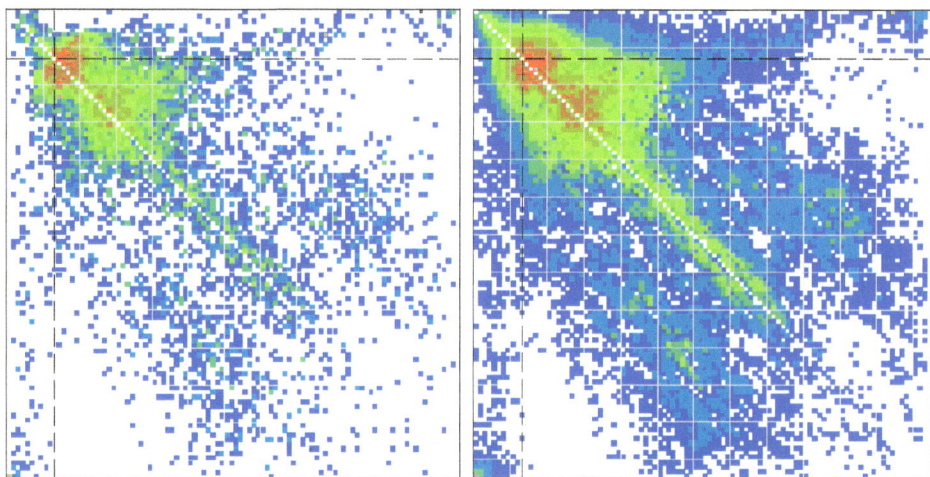

(a) 土方工况外推前　　　　　　　　　(b) 土方工况外推后

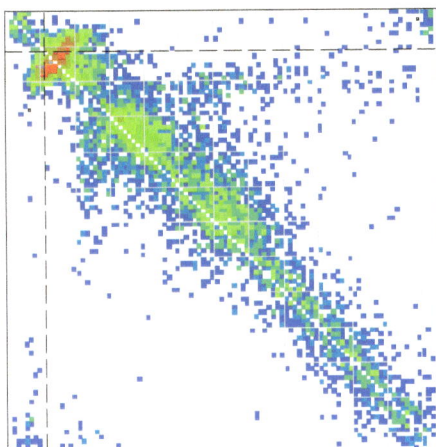

(c) 石方工况外推前

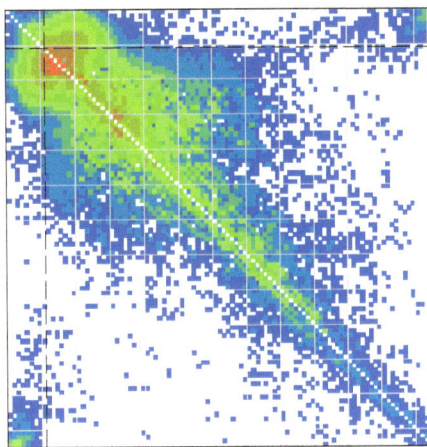

(d) 石方工况外推后

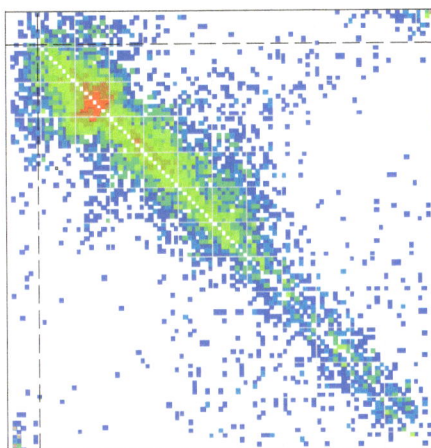

(e) 剥离工况外推前

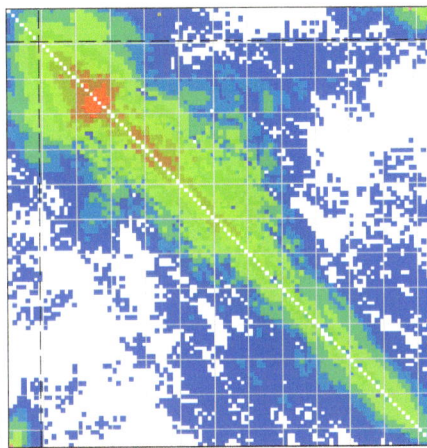

(f) 剥离工况外推后

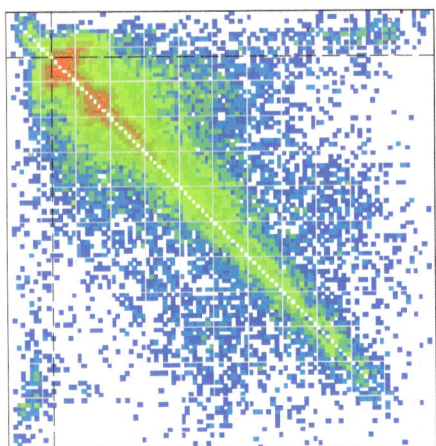

(g) 工况合成外推前

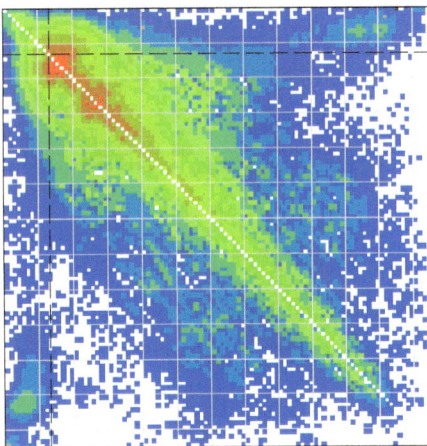

(h) 工况合成外推后

图 4.24 挖掘机工作装置外载荷非参数核密度外推前、后对比

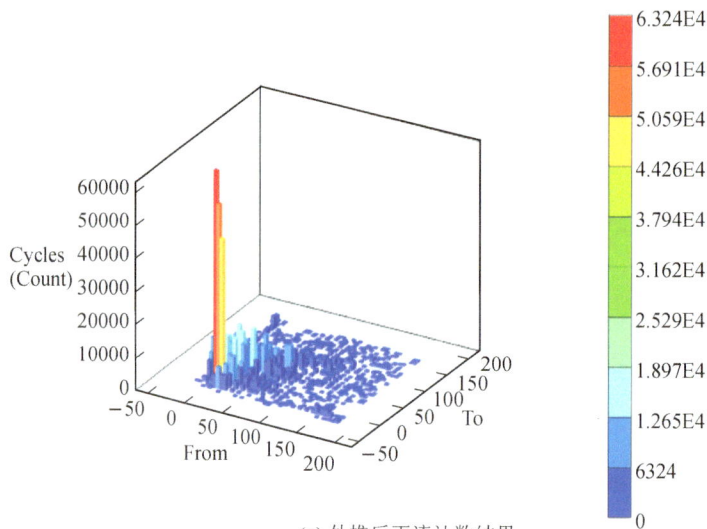

(a) 外推后雨流计数结果

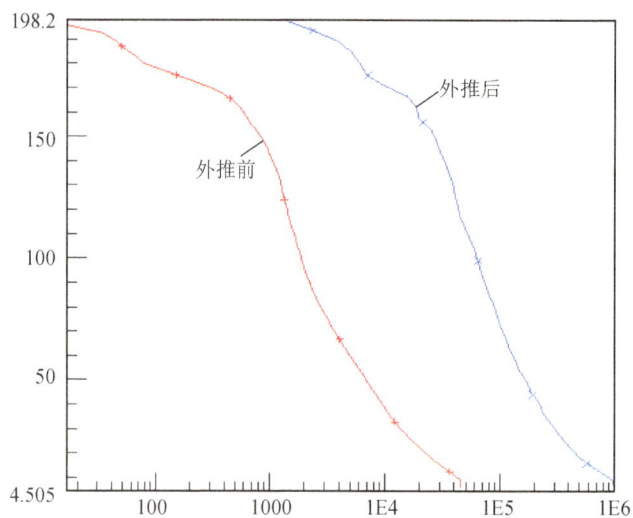

(b) 外推前、后幅值频次累积曲线变化

图 4.25 挖掘机工作装置外推后雨流计数结果及外推前、后幅值频次累积曲线变化

对比经过非参数核密度估计外推前、后的挖掘机工作装置外载荷雨流矩阵，可以发现外推前、后载荷分布情况是相似的，表明外推是以原始载荷分布为基础进行的，非参数核密度估计并未脱离原始载荷统计分布特点；同时，外推后的雨流矩阵较外推前雨流矩阵出现新的载荷循环，这些新的载荷循环是通过非参数核密度估计外推之后生成的，在原始载荷中是没有发生过的，表明了基于非参数核密度估计方法同时实现了载荷大小和循环频次的双向外推，相对于简单的比例外推，其外推结果与挖掘机实际作业时的随机载荷吻合度更高。

将外推之后的雨流矩阵由 From-to 形式转化为 Rang-Mean 形式，同样对均值采用等间隔划分，幅值采用 Cover 系数进行划分，得到采用非参数核密度估计法编制的挖掘机工作装置外载荷二维谱，如表 4.11 所示。

表 4.11　采用非参数核密度估计法编制的挖掘机工作装置外载荷二维谱

频次		幅值/kN							
		24.78	54.51	84.24	113.9	143.7	168.48	188.31	198.22
均值 /kN	11.99	267 080	26 080	190	0	0	0	0	0
	34.79	186 850	62 430	7810	1640	0	0	0	0
	57.61	103 580	69 570	17 220	11 080	3760	320	0	0
	80.41	58 880	15 080	9270	7780	6470	19 750	4290	1590
	103.2	25 020	15 690	9310	6740	3600	250	1290	2400
	126.0	18 140	7240	8530	7180	1110	0	0	0
	124.8	8530	6810	2960	200	0	0	0	0
	171.6	2170	1520	0	0	0	0	0	0

本 章 小 结

　　本章 4.1 节详细介绍了基于极值理论下的 POT 外推模型构建方法，分别从分布参数选取、最佳阈值确定、分布函数参数的估计、分布拟合以及分布拟合的优度检验出发，构建出挖掘机工作装置载荷的 POT 模型，并对挖掘机工作装置载荷进行外推，同时对比分析了外推前、后挖掘机工作装置的极值载荷数据变化情况，表明了基于 POT 模型的载荷外推方法用于挖掘机工作装置载荷外推的可行性。

　　本章 4.2 节介绍了混合高斯分布的概念及原理，并针对混合分布模型中基本函数个数确定及其混合分布未知参数估计问题，阐述了 AIC 准则用于确定分布模型中基本函数个数以及 EM 算法对于混合分布模型中未知参数的确定方法；分析挖掘机工作装置的载荷均值分布，并采用传统分布对其进行分布拟合，表明单一分布难以正确适应均值的载荷分布，由此提出运用混合高斯分布对载荷均值分布进行建模，确定出混合分布的基本函数个数以及分布参数，并对模型拟合优度进行了检验，表明混合高斯分布可以合理地对载荷均值数据进行模型构建；对载荷幅值数据进行威布尔分布检验并采用三参数威布尔分布对幅值数据进行拟合；建立载荷均值和幅值联合概率密度分布模型，计算合成工况的外推频次数并编制出挖掘机工作装置的二维载荷谱。

　　本章 4.3 节介绍了非参数估计方法的优点及非参数核密度估计原理；针对核函数

及带宽参数对于非参数核密度估计精度的影响，详细介绍了核函数的常用类型、分布形式及其数学表达式；用 Matlab 软件编写核密度估计程序，并随机生成一组数据进行非参数核密度估计，用以说明带宽参数选取对于核密度估计平滑度的影响，提出引入自适应带宽因子以解决固定带宽参数对于核密度估计精度的影响；详细介绍了基于核密度估计的非参数雨流矩阵外推算法应用于挖掘机工作装置外载荷外推中的流程；对挖掘机工作装置 3 种作业工况进行合成，得出合成 1000 作业样本数的合成系数及外推至全寿命周期的载荷扩展频次；按照挖掘机工作装置非参数雨流矩阵外推流程，对 3 种工况下的挖掘机工作装置外载荷进行非参数核密度外推，得出全寿命周期雨流矩阵及载荷幅值累积频次图；将得到的 From-to 雨流矩阵转化为 Rang-Mean 雨流矩阵形式，同样对其均值采用等间隔划分、幅值采用非等间隔划分，编制出基于非参数核密度估计下的挖掘机工作装置载荷谱。

第5章

挖掘机铲斗斗齿尖疲劳试验载荷谱编制研究

5.1 铲斗斗齿尖力识别模型

5.1.1 铲斗斗齿尖载荷分析

根据挖掘机工作装置载荷测试中获得的铲斗与斗杆铰接点处的销轴力和连杆力，以及挖掘作业时外力直接作用在铲斗上，可用铲斗斗齿尖处的受力来表征挖掘机的作业阻力。

采用载荷测试时的销轴力传感器 x、y、z 方向来建立铲斗局部坐标系，斗杆与铲斗铰接点 N 可分为左侧 N_1 和右侧 N_2 两个点，分别对应左、右销轴力传感器的位置。F_{N1x}、F_{N2x}、F_{N1y}、F_{N2y}、F_{N1z}、F_{N2z} 分别是铰接点 N_1 和 N_2 在铲斗全局坐标系下沿 x、y、z 方向的分力。铲斗与连杆铰接点 K 在铲斗局部坐标系下的分力分别为 F_{Kx} 和 F_{Ky}。

由此可以确定铲斗局部坐标系下的载荷分布，如图 5.1 所示。

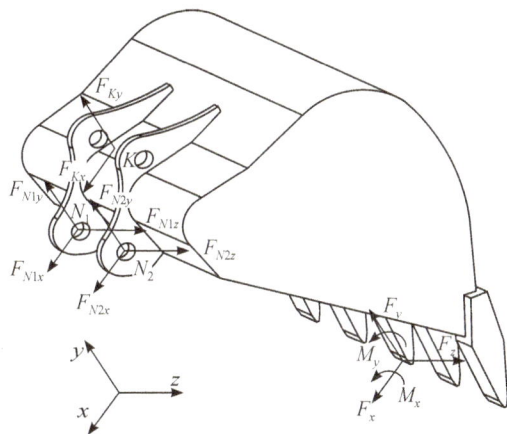

图 5.1 铲斗局部坐标系下的载荷分布

铲斗斗齿尖处的力有 F_x、F_y、F_z、M_x、M_y。F_x 为铲斗插入物料时水平方向的外力；F_y 为铲斗提升物料时平行于 y 方向的外力；F_z 为挖掘机工作装置所受侧向外力；M_x 和 M_y 为偏载引起的力矩。铲斗斗齿尖外力识别模型如图 5.2 所示。

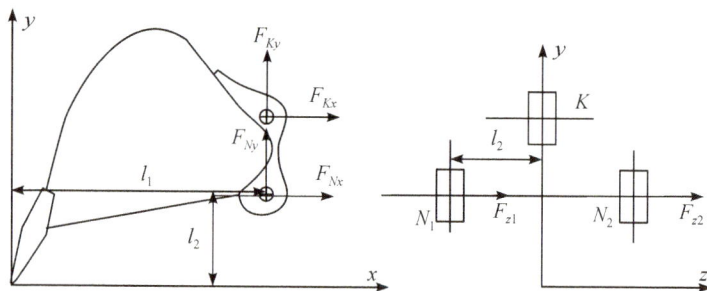

图 5.2　铲斗斗齿尖外力识别模型

在铲斗局部坐标系下，斗齿尖到铲斗铰接点的投影距离 l_1、l_2、l_3 为定值。根据力矩平衡得到铲斗斗齿尖力与铰接点力的关系如式(5.1)所示。

$$\begin{cases} F_{N1x} + F_{N2x} + F_{Kx} = F_x \\ F_{N1y} + F_{N2y} + F_{Ky} = F_y \\ F_{z1} + F_{z2} = F_z \\ (F_{z1} + F_{z2}) \cdot l_2 + (F_{N1y} - F_{N2y}) \cdot l_3 = M_x \\ (F_{z1} + F_{z2}) \cdot l_1 + (F_{N1x} - F_{N2x}) \cdot l_3 = M_y \end{cases} \tag{5.1}$$

式中：F_{N1x}、F_{N2x}、F_{N1y}、F_{N2y} 由销轴力传感器测得，测试所得力的方向与铲斗局部坐标系方向一致，可以直接应用于式(5.1)中进行求解；铲斗与连杆铰接点力 F_{Kx} 和 F_{Ky} 与连杆力传感器测量所得的连杆力存在坐标系差异，实测连杆力是在连杆局部坐标系下求得的，需要将连杆力由连杆局部坐标系换算至铲斗局部坐标系，然后代入公式(5.1)求解，得到铲斗斗齿尖外力 F_x、F_y、F_z、M_x、M_y。

5.1.2　D-H 坐标系变换

挖掘机工作时，动臂和动臂油缸相对于挖掘机回转平台上的铰接点相对静止，其余铰接点都随着挖掘姿态改变而发生位置变化。挖掘机工作装置可视为多连杆机构，其铰接点坐标关系如图 5.3 所示。

为了获得铲斗局部坐标系下铲斗与连杆铰接点力 F_{Kx} 和 F_{Ky}，需要完成连杆局部坐标系与铲斗局部坐标系的变换。坐标系变换常用 Denavit-Hartenberg(D-H)方法，建立两个局部坐标系之间的映射关系，变换坐标系也称为基本变换矩阵。根据 D-H 坐标系变换法则，坐标系 i 转换到坐标系 $i-1$ 的变换关系如式(5.2)所示。

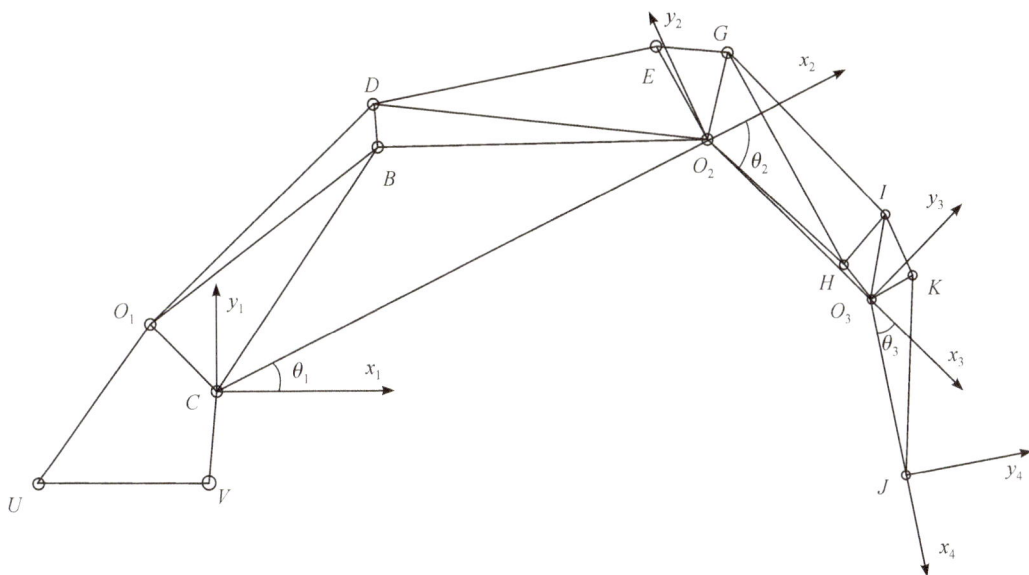

图 5.3　挖掘机工作装置铰接点坐标关系

$$
{}^{i-1}\boldsymbol{A}_i = \begin{bmatrix}
\cos\theta_i & -\sin\theta_i\cos\alpha_i & \sin\theta_i\sin\alpha_i & a_i\cos\theta_i \\
\sin\theta_i & \cos\theta_i\cos\alpha_i & -\cos\theta_i\sin\alpha_i & a_i\sin\theta_i \\
0 & \sin\alpha_i & \cos\alpha_i & d_i \\
0 & 0 & 0 & 1
\end{bmatrix} \tag{5.2}
$$

式中：θ_i 为旋转角，即从 X_{i-1} 轴绕着 Z_i 轴到 X_i 轴的转角，以逆时针旋转为正；α_i 为扭角，即从 Z_i 轴绕着 X_{i-1} 轴到 Z_{i-1} 轴的转角，以逆时针旋转为正；a_i 为连杆长度，即从 Z_{i-1} 轴绕着 X_{i-1} 到 Z_i 轴的距离，以指向 X_{i-1} 轴正向为正；d_i 为关节偏移量，即沿着 Z_i 轴从 X_{i-1} 到 X_i 的距离，以指向 Z_i 轴正向为正。

在挖掘机工作装置铰接点坐标关系模型基础上，从第一个关节坐标系转换到连杆机构末端执行器坐标系的总变换矩阵如式(5.3)所示。

$$
{}^0\boldsymbol{A}_n = {}^0\boldsymbol{A}_1{}^1\boldsymbol{A}_2{}^2\boldsymbol{A}_3\cdots{}^{n-1}\boldsymbol{A}_n = \prod_1^n{}^{i-1}\boldsymbol{A}_i \tag{5.3}
$$

坐标系 $i+1$ 转换到坐标系 i 的转换关系如式(5.4)所示。

$$
{}^i\boldsymbol{P} = {}^i\boldsymbol{A}_{i+1}{}^{i+1}\boldsymbol{P} \quad (i=0,1,\cdots,n-1) \tag{5.4}
$$

联立式(5.3)和式(5.4)，可求解出连杆机构末端在全局坐标系下的坐标如式(5.5)所示。

$$
{}^0\boldsymbol{P} = {}^0\boldsymbol{A}_n^n\boldsymbol{P} \tag{5.5}
$$

使用 D-H 方法建立工作装置的运动学模型，必须在遵守一定法则的基础上确定每个关键点的参考坐标系。所遵循的法则包括：所有构件用 z 轴位基准，其中转动件按右手定则指定正方向，滑动件沿直线运动指定方向；x 轴定义在相邻两个构件公垂线上，若没有公垂线，将垂直于两相邻构件轴线构成的直线定义为 x 轴；在参考坐标系中，y 轴的方向始终垂直于 x 轴和 z 轴。挖掘机工作装置的 D-H 坐标系如图 5.4 所示。

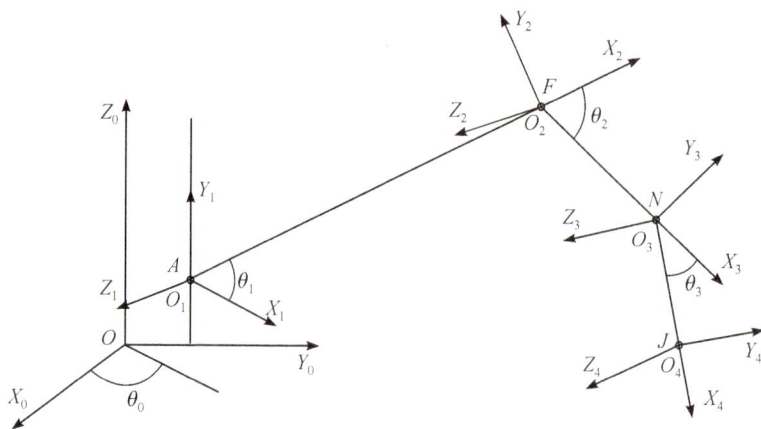

图 5.4　挖掘机工作装置的 D-H 坐标系

在动臂与回转台铰接点 A、斗杆与动臂铰接点 F、铲斗与斗杆铰接点 N 建立参考坐标系，分别记作坐标系 $O_1-X_1Y_1Z_1$、$O_2-X_2Y_2Z_2$、$O_3-X_3Y_3Z_3$，可以得到以上坐标系中的变换矩阵分别如式(5.6)、式(5.7)和式(5.8)所示。

$$^0\boldsymbol{A}_1 = \begin{bmatrix} \cos\theta_1 & -\sin\theta_1 & 0 & a_1\cos\theta_1 \\ \sin\theta_1 & \cos\theta_1 & 0 & a_1\sin\theta_1 \\ 0 & 0 & 1 & 0 \\ 0 & 0 & 0 & 1 \end{bmatrix} \tag{5.6}$$

$$^1\boldsymbol{A}_2 = \begin{bmatrix} \cos\theta_2 & -\sin\theta_2 & 0 & a_2\cos\theta_2 \\ \sin\theta_2 & \cos\theta_2 & 0 & a_2\sin\theta_2 \\ 0 & 0 & 1 & 0 \\ 0 & 0 & 0 & 1 \end{bmatrix} \tag{5.7}$$

$$^2\boldsymbol{A}_3 = \begin{bmatrix} \cos\theta_3 & -\sin\theta_3 & 0 & a_3\cos\theta_3 \\ \sin\theta_3 & \cos\theta_3 & 0 & a_3\sin\theta_3 \\ 0 & 0 & 1 & 0 \\ 0 & 0 & 0 & 1 \end{bmatrix} \tag{5.8}$$

斗杆与动臂铰接点 F、铲斗与斗杆铰接点 N 在 $O-X_0Y_0Z_0$ 坐标系中的变换矩阵分别如式(5.9)和式(5.10)所示。

$$^0\boldsymbol{A}_2 = \begin{bmatrix} c_{12} & -s_{12} & 0 & a_2c_{12}+a_1c_1 \\ s_{12} & c_{12} & 0 & a_2s_{12}+a_1s_1 \\ 0 & 0 & 1 & 0 \\ 0 & 0 & 0 & 1 \end{bmatrix} \tag{5.9}$$

$$
{}^{0}\boldsymbol{A}_{3} = \begin{bmatrix}
c_{12}c_{3} - s_{12}s_{3} & -c_{12}s_{3} & 0 & a_{3}c_{123} + a_{2}c_{12} + a_{1}c_{1} \\
s_{12}c_{3} + c_{12}s_{3} & c_{12}s_{3} - s_{12}s_{3} & 0 & a_{3}s_{123} + a_{2}s_{12} + a_{1}s_{1} \\
0 & 0 & 1 & 0 \\
0 & 0 & 0 & 1
\end{bmatrix} \tag{5.10}
$$

式中：$c_i = \cos\theta_i$，$c_{12} = \cos(\theta_1 + \theta_2)$，$c_{123} = \cos(\theta_1 + \theta_2 + \theta_3)$；$a_1 = l_{AF}$，$a_2 = l_{FN}$，$a_3 = l_{NJ}$；$s_i$ 为偏距，即沿着 Z_i 轴从 X_i 到 X_{i-1} 轴的距离，方向与 Z_i 轴正向一致，$s_i = \sin\theta_i$，$s_{12} = \sin(\theta_1 + \theta_2)$，$s_{123} = \sin(\theta_1 + \theta_2 + \theta_3)$。

记 ${}^{n}\boldsymbol{P} = [0, 0, 0, 1]^{\mathrm{T}}$，用向量 $[x, y, z]^{\mathrm{T}}$ 表示铲斗斗齿尖 J 的坐标如式（5.11）所示。

$$
(X_J, Y_J, Z_J) = (a_3 c_{123} + a_2 c_{12} + a_1 c_1, a_3 s_{123} + a_2 s_{12} + a_1 s_1, 0) \tag{5.11}
$$

根据实测油缸位移量和工作装置各结构的尺寸，可以确定旋转角的大小，进而获得铲斗局部坐标系下的连杆力，如图 5.5 所示。

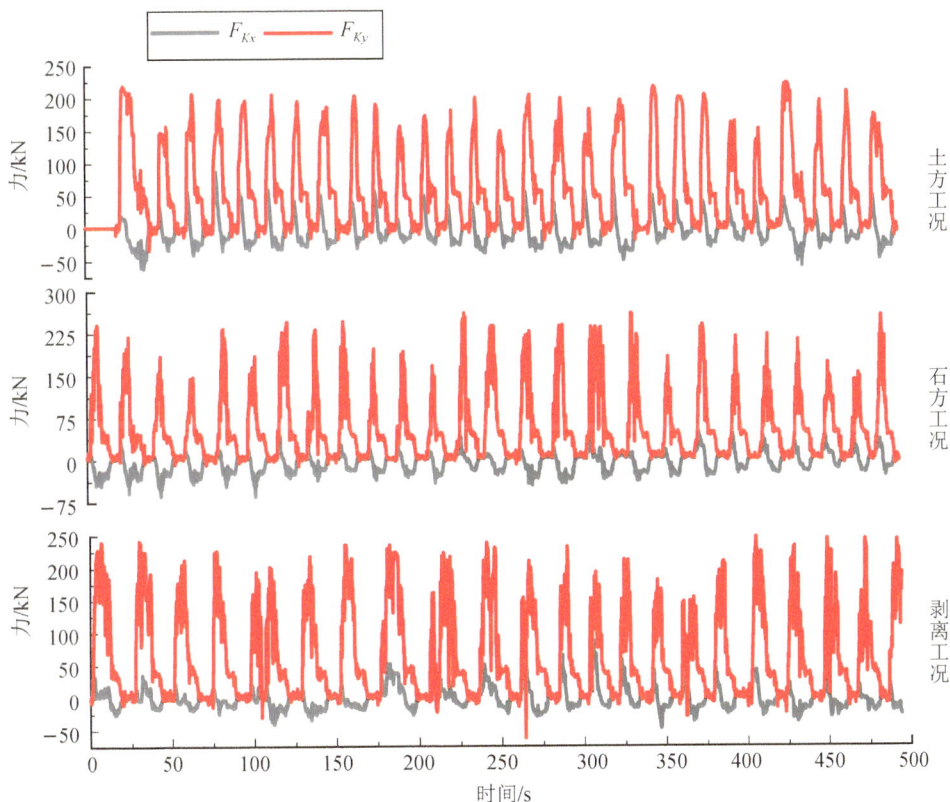

图 5.5　铲斗局部坐标系下的实测连杆力

5.1.3　斗齿尖载荷识别结果

根据铲斗斗齿尖力识别模型分析，将实测铰接点局部载荷转换成铲斗局部坐标系下的斗齿尖外载荷，求解得到 3 种工况下铲斗斗齿尖外载荷如图 5.6 所示。

从图 5.6(a)、(b)、(c)对比可看出，不同工况下测试得到的斗齿尖外载荷有相同的变化规律，但不同工况的挖掘机斗齿尖外载荷峰值不同，载荷峰值均出现在物料挖掘段和物料卸载段，这与挖掘机实际作业过程中的受力特性是一致的。剥离工况的斗齿尖外载荷峰值最大，土方工况外载荷峰值最小，这主要是由于挖掘物料不同导致的外载荷不同。每种工况 Y 轴的分力均大于 X 轴分力，说明工作装置掘起物料的阻力大于铲斗插入物料的阻力。

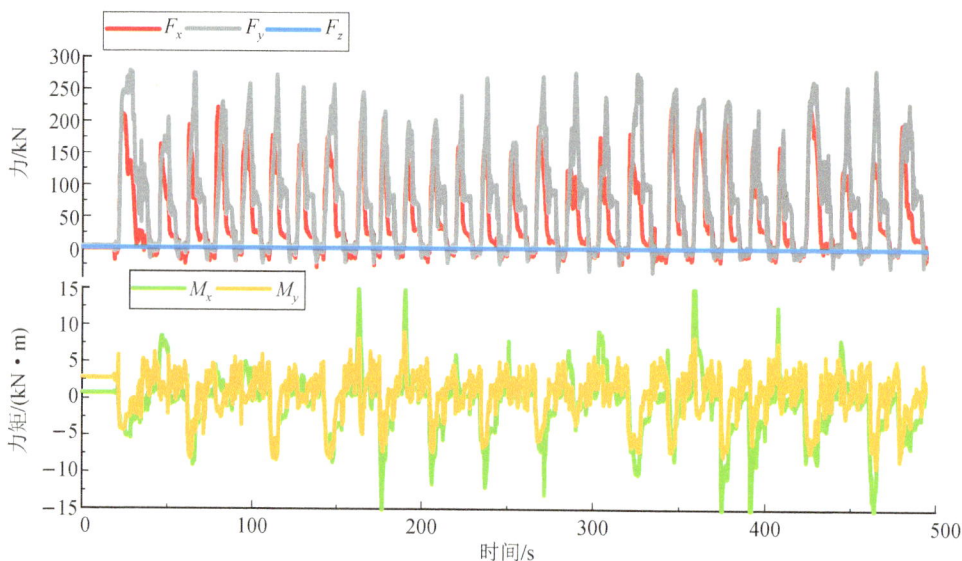

(a) 工方工况斗齿尖外载荷

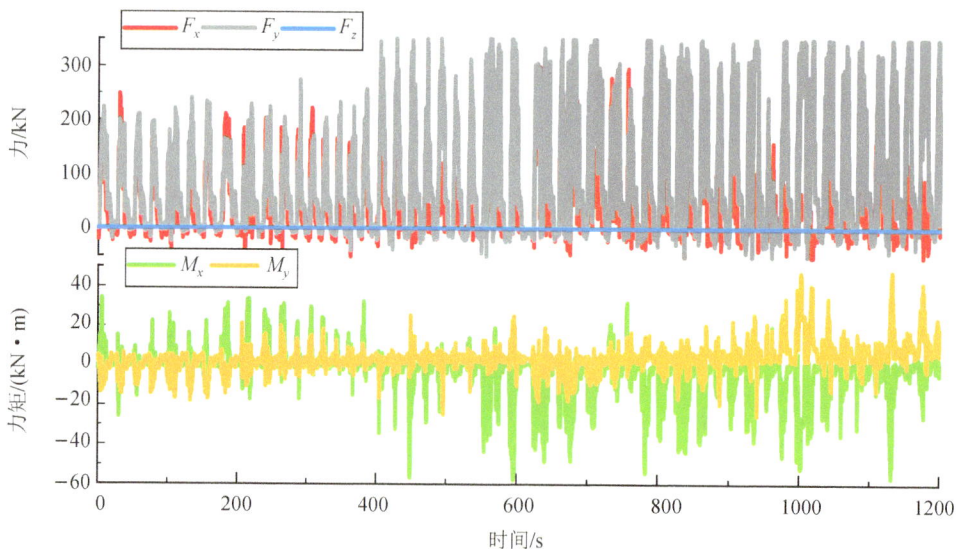

(b) 剥离工况斗齿尖外载荷

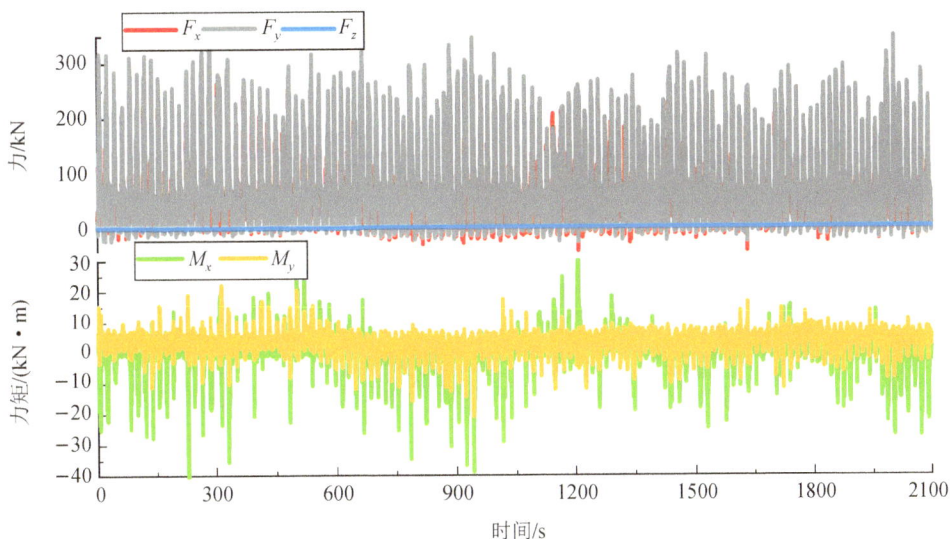

(c) 石方工况斗齿尖外载荷

图 5.6 铲斗斗齿尖外载荷

使用 Matlab 软件提取实测外载荷每个循环的峰值,找出峰值中的最大值并计算峰值均值,各工况外载荷实测峰值最大值和均值如表 5.1 所示。

表 5.1 各工况外载荷实测峰值最大值和均值

载荷分量	F_x/kN		F_y/kN		F_z/kN		M_x/(kN·m)		M_y/(kN·m)	
载荷峰值	最大值	均值	最大值	均值	最大值	均值	最大值	均值	最大值	均值
土方工况	222.03	203.81	280.26	246.82	2.14	2.03	18.34	15.54	9.24	5.53
剥离工况	300.09	254.13	393.08	356.22	2.41	2.14	57.42	46.52	47.58	41.21
石方工况	269.56	243.12	348.14	307.56	3.07	2.66	41.75	36.52	20.74	17.34

由表 5.1 可看出,斗齿尖载荷识别结果中正载载荷分量数值最大,远远大于侧载和偏载。当偏载峰值对应的工作装置结构应力偏小时,可忽略侧向载荷对结构疲劳寿命的影响。偏载主要出现在物料的挖掘阶段,主要是因为铲斗内物料左右不均匀或者铲斗插入物料时斗齿尖不同时接触物料造成的,可以明显看到,剥离工况工作装置载荷偏置引起的力矩明显大于其余工况。偏载严重影响着工作装置的使用寿命,在挖掘机挖掘工作时要重视偏载对工作装置的影响,尽量减少挖掘工作时的偏载。

对比前文图 3.18、图 3.19 和图 3.20 中挖掘机铲斗斗齿尖外载荷峰值数据对应的各油缸位移,得到出现载荷峰值的 3 个挖掘机作业姿态。姿态一,铲斗刚插入工作平面,处于低水平姿态,动臂油缸和铲斗油缸伸长量最小;姿态二,铲斗装满物料开始收斗,铲斗油缸达到最大伸长量,动臂油缸伸长量保持最小,铲斗仍处于低水平姿态;姿态三,铲斗处于高水平举升物料姿态,动臂油缸伸长量最大,斗杆油缸伸长量最小。

5.2　铲斗斗齿尖载荷谱编制

为了解决挖掘机工作装置疲劳寿命研究中加载信号单一、难以反映真实载荷的问题，基于实际载荷谱的工作装置疲劳寿命分析更符合实际情况。研究挖掘机工作装置载荷谱系统，可为铲斗疲劳寿命预测奠定基础，并对指导铲斗的设计、制造、使用和维护具有重要意义。

5.2.1　载荷信号编辑与雨流计数

由于挖掘机工作时工作装置会受到随机载荷作用，因此编制载荷谱成为疲劳寿命评估的关键。在挖掘机的疲劳试验中，如果直接使用采集的样本数据来编制载荷谱并进行载荷加载，则会受到样本长度的限制，导致无法准确评估挖掘机工作装置在其全寿命周期中出现大载荷的频次。载荷谱编制包括参数法和非参数法，其中，参数法是广泛应用于实践的一种方法。参数法编制载荷谱的原理是使用雨流计数法获得载荷均值和幅值联合概率密度函数的相关参数值，获得均值和幅值在不同分级下的载荷作用频次。参数法外推载荷谱的关键在于稳定的样本数据可以根据统计分布方法推断出数据总体的变化规律。

如果在载荷测试时采用高采样频率，则会导致出现大量对编制载荷谱无用的信号。载荷信号处理是载荷谱编制前的关键环节，可以实现对试验数据的压缩处理。在疲劳分析过程中需要用到由载荷峰值组成的循环，而峰谷抽取可以实现这一点。在使用峰谷抽取方法抽取载荷信号时，需要设置合适的门槛值过滤掉载荷循环中包含的大量不产生损伤的小幅值峰谷循环，以实现对载荷信号的编辑处理。依据工作经验并参照载荷数据的峰值差值，设置挖掘机 3 种物料的阈值载荷均为 30 kN，编制 Matlab 程序，对斗齿尖外载荷数据进行峰谷抽取和小波剔除，如图 5.7 所示。

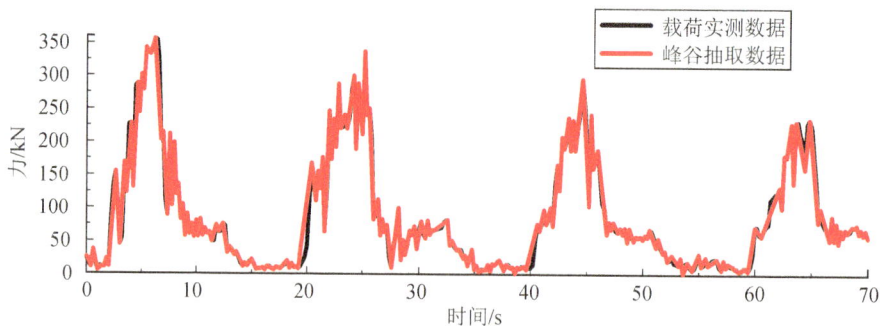

(a) 峰谷抽取后数据

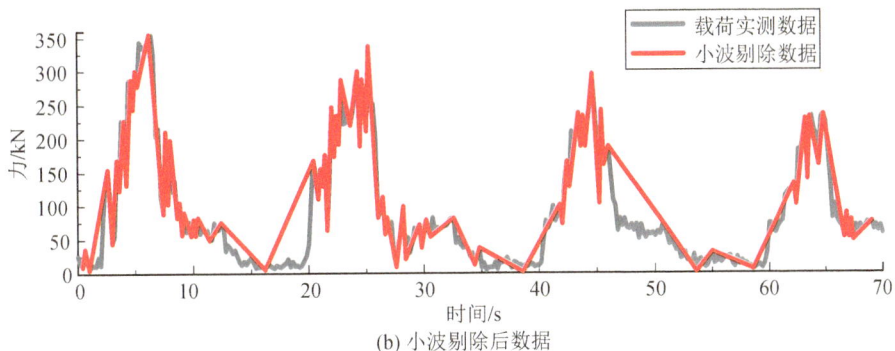

(b) 小波剔除后数据

图 5.7　载荷数据峰谷抽取和小波剔除对比结果

从图 5.7 中可以看出，峰谷抽取和小波剔除都不会改变原始信号的波形和时间序列，仅减少了不产生损伤的原始数据。

在对试验样机（挖掘机）斗齿尖外载荷信号进行程序化处理时，不同工况下斗齿尖外载荷数据量的变化如表 5.2 所示。表中变化率等于峰谷抽取后数据量或者小波剔除后数据量与原始数据量的比值。

表 5.2　不同工况下斗齿尖外载荷数据量变化

测试工况	原始数据量	峰谷抽取后数据量	变化率	测试工况	原始数据量	小波剔除后数据量	变化率
土方工况	9882	5068	51.3%	土方工况	9882	1052	10.6%
剥离工况	24 201	13 408	55.4%	剥离工况	24 201	4620	19.1%
石方工况	42 722	26 188	61.3%	石方工况	42 722	7788	18.2%

在工程实际应用中，载荷测试中的力和力矩属于广义力的范畴，使用雨流计数法统计斗齿尖外载荷时间历程循环次数，根据工作装置的 S-N 曲线及 Miner 法则得到伪损伤值。伪损伤值可用于比较编辑处理后的载荷信号与原始信号的相似度，主要使用 nCode、Matlab 以及 MTS RPC 等数据处理软件解决大数据量的载荷信号。使用伪损伤比计算原始信号与信号处理后的载荷时间历程，得到不同工况下的峰谷抽取、小波剔除处理后数据与原始数据的伪损伤比结果，如图 5.8 所示。

通过图 5.8 所示的多因子组柱状图，可知程序编辑后的载荷信号与原始信号的伪损伤比的值达到了 0.98 以上，满足随机载荷信号编辑后产生的损伤量和出现时间顺序保持一致性的要求。经过峰谷抽取和小波剔除处理后的载荷信号可以直接用于雨流计数。在不同的工况介质下，大型挖掘机工作装置斗齿尖载荷循环计数幅值-均值雨流矩阵分别如图 5.9、图 5.10 和图 5.11 所示。

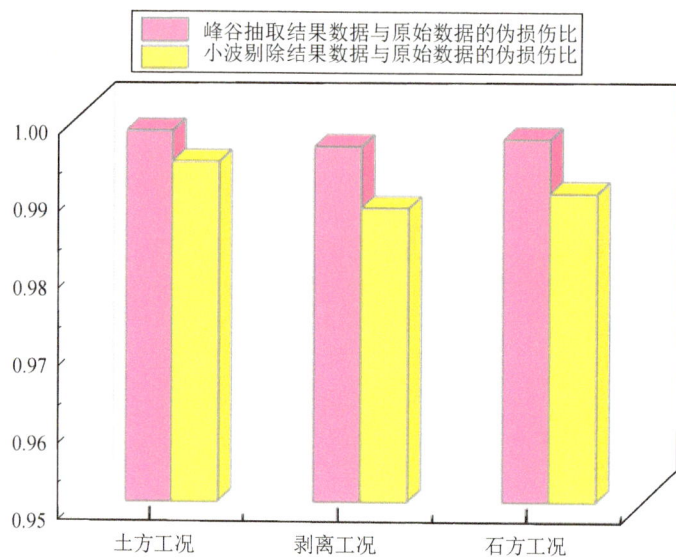

图 5.8 不同工况下的峰谷抽取、小波剔除处理后数据与原始数据的伪损伤比结果

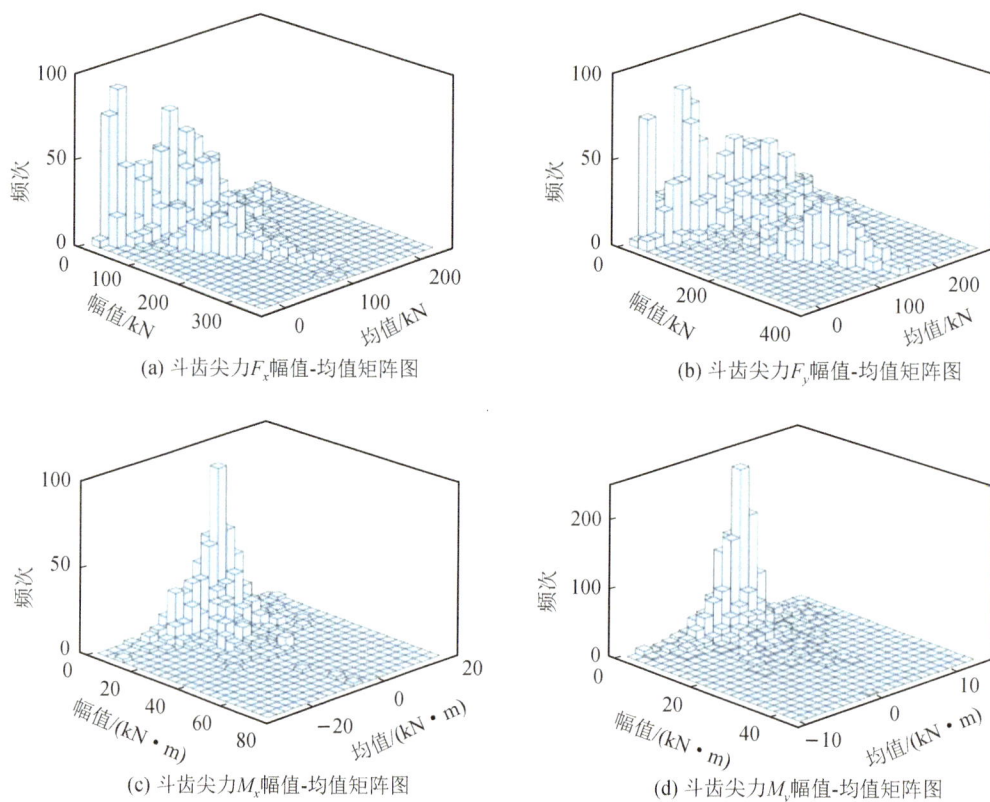

(a) 斗齿尖力F_x幅值-均值矩阵图

(b) 斗齿尖力F_y幅值-均值矩阵图

(c) 斗齿尖力M_x幅值-均值矩阵图

(d) 斗齿尖力M_y幅值-均值矩阵图

图 5.9 石方工况载荷循环计数幅值-均值雨流矩阵

(a) 斗齿尖力F_x幅值-均值矩阵图

(b) 斗齿尖力F_y幅值-均值矩阵图

(c) 斗齿尖力M_x幅值-均值矩阵图

(d) 斗齿尖力M_y幅值-均值矩阵图

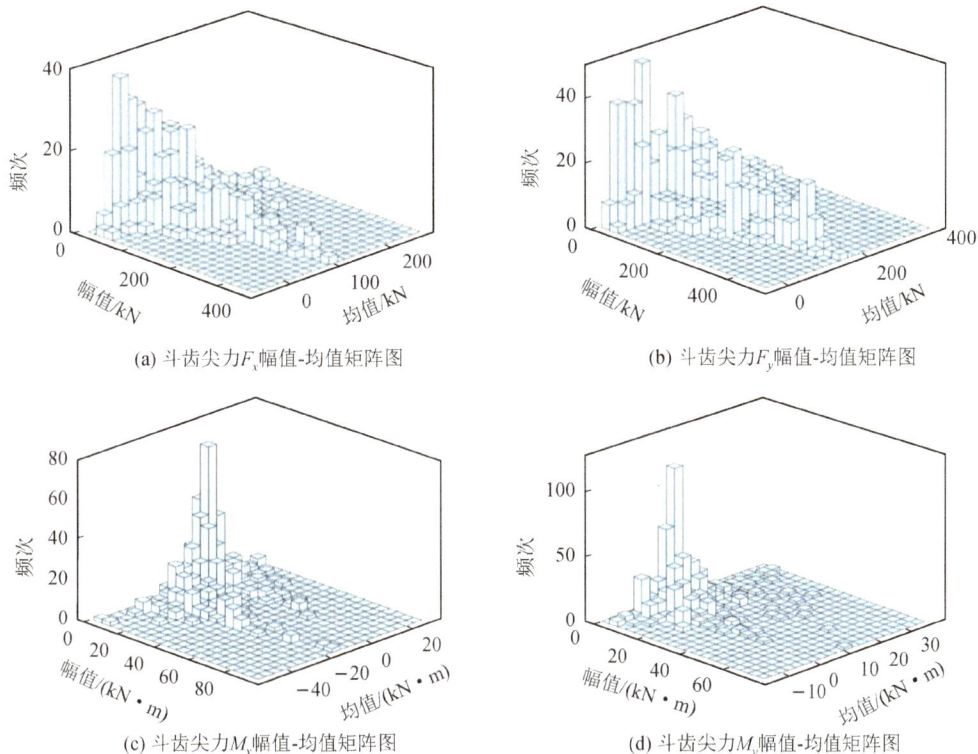

图 5.10　剥离工况载荷循环计数幅值-均值雨流矩阵

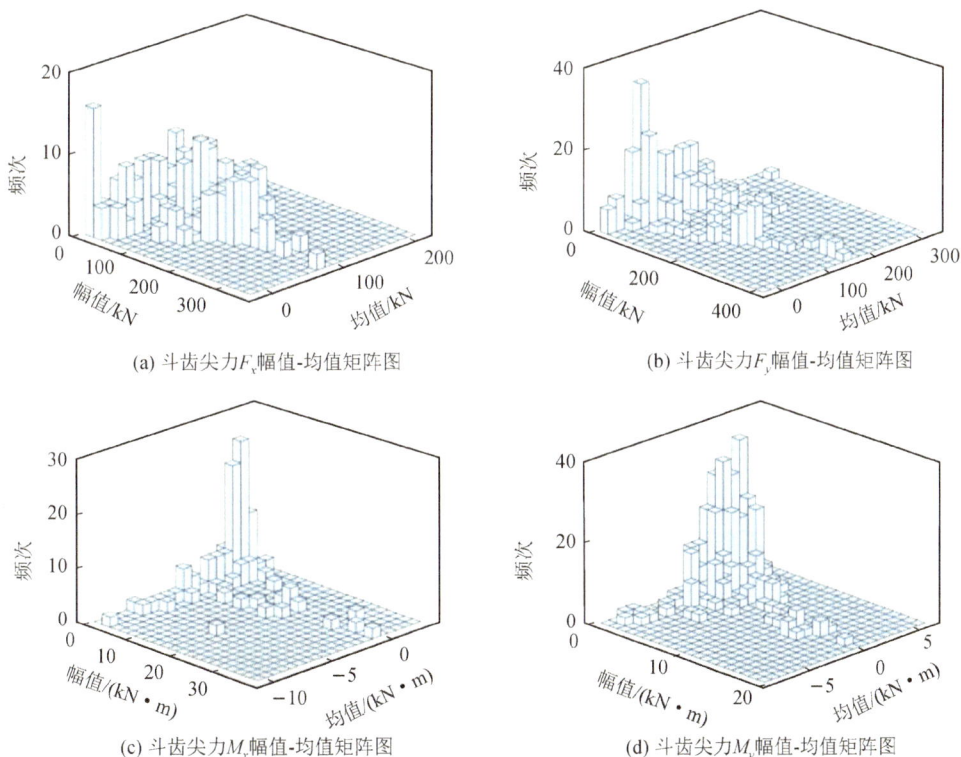

(a) 斗齿尖力F_x幅值-均值矩阵图

(b) 斗齿尖力F_y幅值-均值矩阵图

(c) 斗齿尖力M_x幅值-均值矩阵图

(d) 斗齿尖力M_y幅值-均值矩阵图

图 5.11　土方工况载荷循环计数幅值-均值雨流矩阵

　　由挖掘机实际工作时间可知，其工作装置疲劳方式属于高周疲劳，可使用名义应力法进行疲劳寿命预测。在使用名义应力法之前，需要将非对称循环载荷谱转化成对称循环载荷谱。

5.2.2　载荷统计分布与参数估计

　　载荷 Range-Mean-Cycles 矩阵是载荷统计分布的基础，载荷谱编制要求载荷数据属于同一种分布。在误差允许的范围内，根据样本数据统计特征解得样本的最小长度。挖掘机工作装置的载荷参数是通过一组稳定的物理现象获得的随机数据。通过对载荷统计分布进行轮次法平稳性检验，可以判断各个工况下实际载荷斗数是否满足要求。为了进行轮次法平稳性检验，本次统计需要至少 28 个子样的样本数据；如果需要，还可以通过增加样本数量来进一步提高可靠性。在进行分布统计之前，可采用轮次法对每种作业介质分别取单循环和双循环载荷作为一个子样，再各取 10 个子样进行平稳性检验，单循环载荷子样与双循环载荷子样下轮次法平稳性检验结果分别如图 5.12 和图 5.13 所示。以此类推，其余工况斗齿尖力均采用轮次法进行单循环和双循环的平稳性检验。

(a) 单循环均方值

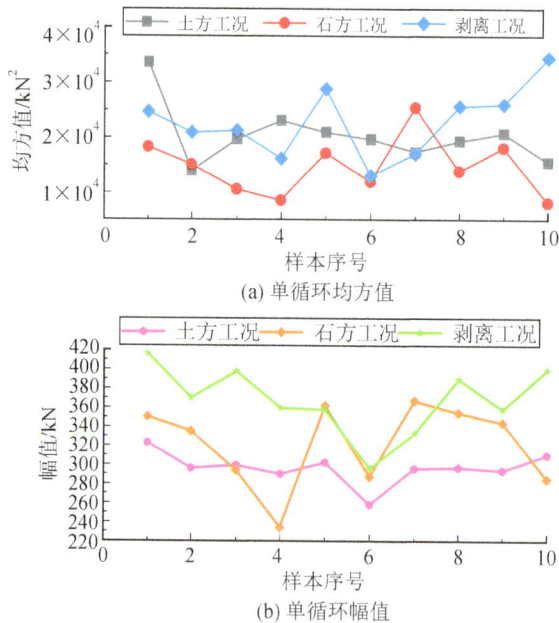

(b) 单循环幅值

图 5.12　单循环载荷子样下轮次法平稳性检验结果

　　从图 5.12 和图 5.13 得出，显著性水平为 0.05 时的轮次统计结果均在区间 [4, 9] 内，从而把挖掘机完整的作业周期外载荷当作基准，对采样数据进行平稳性检验以及分布统计。对均值和幅值分别采用正态分布参数估计以及极大似然法的三参数威布尔参数估计，假设统计参数均值和幅值分别用变量 x 和 y 表示，其分布函数如式 (5.12) 所示。

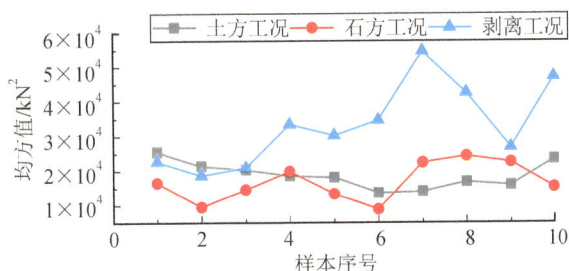

(a) 双循环均方值

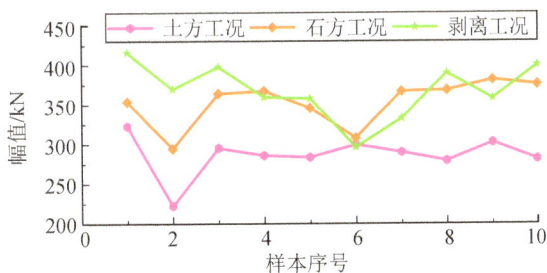

(b) 双循环幅值

图 5.13　双循环载荷子样下轮次法平稳性检验结果

$$
\begin{cases}
F(x) = \int_{-\infty}^{X_{\max}} f(x)\,\mathrm{d}x = \int_{-\infty}^{X_{\max}} \dfrac{1}{\sqrt{2\pi}\,\sigma} \exp\left[-\dfrac{(x-\mu)^2}{(2\sigma^2)}\right]\mathrm{d}x \\[3mm]
F(y) = \int_{-\infty}^{Y_{\max}} f(y)\,\mathrm{d}y = \int_{-\infty}^{Y_{\max}} \dfrac{\beta}{\theta}\left(\dfrac{y-\varphi}{\theta}\right)^{\beta-1} \exp\left[-\dfrac{(y-\varphi)^{\beta}}{\theta}\right]\mathrm{d}y
\end{cases}
\tag{5.12}
$$

式中：μ 和 σ 分别为正态分布的均值、标准差；β、θ 和 φ 分别为威布尔分布的形状系数、尺度系数以及位置系数。

通过 Matlab 编程对 3 种典型工况的均值和幅值分别进行正态分布和三参数威布尔分布拟合，当显著性水平为 0.05 时，根据 3 种工况的均值分布拟合以及幅值分布拟合，可计算得到 μ、σ、β、θ 和 φ 五个参数，拟合参数数值如表 5.3 所示。

表 5.3　拟合参数数值

典型工况		土方工况				石方工况				剥离工况			
		F_x	F_y	M_x	M_y	F_x	F_y	M_x	M_y	F_x	F_y	M_x	M_y
均值参数	μ	87.4	91.2	0.5	1.7	80.2	130.2	-1.9	-0.2	69.6	143.8	-5.0	3.6
	σ	14.2	20.1	1.0	1.6	80.2	69.1	6.4	1.8	48.3	80.4	11.1	4.4
幅值参数	β	59.5	81.8	5.4	2.5	47.9	66.2	7.8	3.5	67.9	99.1	11.9	10.2
	θ	1.0	1.0	1.0	1.0	1.0	1.0	1.0	1.0	1.0	1.0	1.0	1.2
	φ	12.1	0	0.2	0.8	10.3	10.7	3.1	1.9	14.9	13.5	3.9	1.3

显著性检验结果如表 5.4 所示。

表 5.4　显著性检验结果

典型工况	土方工况				石方工况				剥离工况			
	F_x	F_y	M_x	M_y	F_x	F_y	M_x	M_y	F_x	F_y	M_x	M_y
P 值	0.043	0.045	0.032	0.034	0.048	0.043	0.039	0.048	0.046	0.049	0.041	0.044
AD 值	0.867	0.653	0.354	0.855	0.459	0.347	0.485	0.836	0.846	0.197	0.398	0.756

分布检验结果可通过直接比较概率图进行定性判断，或通过 Probability(P)值或 Alpine-Darling(AD)值进行定量判断。P 值通常用于确定数据是否受正态分布的影响。假设 H_0：样本数据不服从正态分布，给出的显著性水平为 0.05。当 P 值小于 0.05 时，假设 H_0 在 0.05 的显著性水平下被拒绝，反之亦然。根据表 5.4 中的显著性检验结果，可以判断挖掘机在 3 种工况下的平均等效载荷与正态分布一致。

AD 值通常用于确定数据是否服从三参数威布尔分布。AD 值越小，分布拟合越好。假设 H_1：样本数据不服从三参数威布尔分布，假设显著性水平为 0.05，拒绝假设的 AD 临界值 H_1 为 0.876，当概率分布拟合 AD 值小于 0.876 时，拒绝假设，否则接受假设。根据表 5.4 中的显著性检验结果，可以判断挖掘机在 3 种工况下的等效载荷幅值与三参数威布尔分布一致。

5.2.3　载荷外推与编谱

为了编制具有代表性的挖掘机斗齿尖载荷谱，需要按照 3 种典型工况的比例进行合成。在实际测试中，采集的数据数量是有限的，因此需要采用参数外推法来推算可能大于实测载荷的最大载荷。参数外推法是工程实践中常用的一种外推方法，它可以基于有限的实测数据来预测未来可能出现的极端情况。在这个方法中，通常将 1×10^6 频次对应的载荷视为极值载荷，并使用已有数据来计算极值载荷下的载荷时间。为了获取最真实的工作载荷时间，需要将 3 种典型工况合成后的累积频次扩展到该频次下。

假定均值的最大值为 $X_{\max}$，幅值的最大值为 $Y_{\max}$，利用载荷统计分布的超值累积频次确定最大值，使用分布函数积分法获取实际作业的载荷极值，如式(5.13)所示。

$$\begin{cases} X_{\max} = \sigma\mu_6 + \mu \\ Y_{\max} = \varphi + \theta\sqrt[\beta]{-\ln(P_y)} \end{cases} \tag{5.13}$$

式中：P_y 等于载荷外推后累积频次的倒数；当 P_y 确定后，μ_6 可通过标准正态分布表查找。

记录大型挖掘机 $m(m \in \mathbf{Z}_+)$ 种作业工况在测试中的实际测试循环次数 W_m，计算得到每种作业工况在总样本 W 内幅值的循环频次数值所占的时间比例 T_m，最终确定每种作业工况在实测总频次数 N_m 中占有的比例 ζ_m，其表达式如式(5.14)所示。

$$\zeta_m = \frac{N_m T_m (W/W_m)}{\sum_{m=1}^{i} N_m T_m (W/W_m)} \tag{5.14}$$

根据式(5.13)和式(5.14)，计算得到的载荷极值如表 5.5 所示。

表 5.5　分布函数积分法得到的载荷极值

作业工况	循环次数比例	扩展后的循环次数	均值极大值				幅值极大值			
			F_x /kN	F_y /kN	M_x /(kN·m)	M_y /(kN·m)	F_x /kN	F_y /kN	M_x /(kN·m)	M_y /(kN·m)
土方工况	0.14	1.4×10^5	211	256	3	6	249	312	34	15
石方工况	0.60	6×10^5	228	276	17	13	247	329	41	22
剥离工况	0.26	2.6×10^5	270	371	27	36	328	417	64	44

全工况的极值载荷可以取 3 种典型工况中载荷的极大值。由表 5.5 可知，全工况下的 F_x、F_y、M_x、M_y 均值最大值分别取 270 kN、371 kN、27 kN·m、36 kN·m，幅值最大值分别取 328 kN、417 kN、64 kN·m、44 kN·m。

在采用参数化方法编制挖掘机斗齿尖载荷谱时，对斗齿尖外载荷进行外推和扩展，可得到包含 10^6 次挖掘作业载荷循环频率的完整载荷谱。雨流计数结果包含关于均值和幅值的所有信息。利用雨流计数的结果，选取均值和幅值作为随机变量，利用二维随机变量的统计分析理论建立二维概率密度函数，就可得到二维载荷谱。

当载荷平均值 x 为正态分布、幅值 y 为威布尔分布时，x 和 y 的联合概率密度函数如式(5.15)所示。

$$
\begin{aligned}
f(x, y) &= f_x(x) f_y(y) \\
&= \frac{2}{\sqrt{2\pi}\sigma} \exp\left[-\frac{(x-\mu)^2}{2\sigma^2}\right] \cdot \frac{\beta(y-\varphi)^{\beta-1}}{\theta^\beta} \exp\left[-\left(\frac{y-\varphi}{\theta}\right)^\beta\right]
\end{aligned} \tag{5.15}
$$

在实际试验时，很难获取连续的载荷累积频次曲线，一般使用易控制、易实现的阶梯形累积频次曲线。阶梯形累积频次曲线分为 4 级、8 级、16 级和 32 级等，各等级间最大的区别在于疲劳寿命结果误差大小受载荷谱等级的影响，相比于 8 级载荷谱，4 级载荷谱的误差大，8 级以上载荷谱的误差很接近，因此采用 8 级载荷谱。

在 8 级载荷谱中，等间隔地将载荷均值划分为 8 份，载荷幅值采用非等间隔法进行划分，即将雨流计数后的 3 种典型工况幅值的最大值乘以 Cover 系数进行非等间隔的 8 级划分，斗齿尖载荷幅值分级结果如表 5.6 所示。

表 5.6　斗齿尖载荷幅值分级结果

级　　数	1	2	3	4	5	6	7	8
Cover 系数	1	0.95	0.85	0.725	0.575	0.425	0.275	0.125
F_x 的幅值/kN	328	312	279	238	189	139	90	41
F_y 的幅值/kN	417	396	354	302	240	177	115	52
M_x 的幅值/(kN·m)	64	61	54	46	37	27	18	8
M_y 的幅值/(kN·m)	44	42	37	32	25	19	12	6

将各种作业工况划分为相同的区间，通过 Matlab 软件获取不同工况的二维载荷谱，并对其进行矩阵线性叠加，计算可得到基于参数法外推的铲斗二维载荷谱。通过单一工况和三种工况线性叠加，解得第 i 级均值和第 j 级幅值的频次如式(5.16)所示。

$$\begin{cases} r_{aij} = r_a \displaystyle\int_{x_i}^{x_{i+1}} \int_{y_i}^{y_{i+1}} f(x)f(y)\,\mathrm{d}x\,\mathrm{d}y \\ r_{ij} = \displaystyle\sum_{a=1}^{3} r_{aij} \end{cases} \tag{5.16}$$

式中：r_a 为表 5.5 中的扩展后的循环次数。

编制 Matlab 程序，利用式(5.16)以及表 5.3 中的拟合参数，求解挖掘机工作装置斗齿尖力 F_x、F_y、M_x 和 M_y 的 8 级参数法二维载荷谱，如表 5.7~表 5.10 所示。

表 5.7　挖掘机工作装置斗齿尖力 F_x 二维载荷谱

		载荷幅值/kN							
		41	90	139	189	238	279	312	328
载荷均值/kN	−10	17 056	11 107	7397	3037	0	0	0	0
	30	63 007	35 435	19 937	14 219	6438	3553	0	0
	70	124 197	79 848	39 300	22 115	14 663	7004	3942	0
	110	130 836	83 581	41 400	23 297	13 111	7379	4153	2337
	150	83 670	31 431	25 649	14 434	7382	4154	0	0
	190	22 142	12 452	8103	3942	2218	0	0	0
	230	3543	1992	1383	743	355	0	0	0
	270	463	194	0	0	0	0	0	0

表 5.8　挖掘机工作装置斗齿尖力 F_y 二维载荷谱

		载荷幅值/kN							
		52	115	117	240	302	354	396	417
载荷均值 /kN	28	32 558	19 978	8544	489	0	0	0	0
	77	86 925	38 207	21 536	12 146	3415	0	0	0
	126	109 113	51 374	24 594	19 511	11 009	6213	3507	0
	175	111 750	72 857	35 430	19 983	10 275	6363	3592	2028
	224	72 972	51 046	23 136	13 049	7362	4155	2345	0
	273	30 371	17 083	9629	5431	0	0	0	0
	322	10 760	4528	2552	0	0	0	0	0
	371	1358	763	0	0	0	0	0	0

表 5.9　挖掘机工作装置斗齿尖力 M_x 二维载荷谱

		载荷幅值/(kN·m)							
		8	18	27	37	46	54	61	64
载荷均值 /(kN·m)	−43	163	15	0	0	0	0	0	0
	−33	213	73	2	1	0	0	0	0
	−23	1219	722	393	208	0	0	0	0
	−13	36 537	21 652	12 240	6263	3269	1686	861	0
	−3	199 038	112 025	71 072	32 406	16 913	8723	4457	2260
	7	180 805	97 146	68 412	30 994	15 176	9343	5263	1161
	17	31 895	18 901	10 304	5467	2853	1471	381	0
	27	966	573	312	0	0	0	0	0

表 5.10　挖掘机工作装置斗齿尖力 M_y 二维载荷谱

		载荷幅值/(kN·m)							
		6	12	19	25	32	37	42	44
载荷均值 /(kN·m)	−13	219	121	0	0	0	0	0	0
	−6	10 180	7647	2827	1368	0	0	0	0
	1	101 713	26 421	17 252	14 670	6475	3020	1392	0
	8	200 623	127 929	64 059	30 996	14 683	6849	3156	1440
	15	121 760	67 541	41 820	15 365	8752	5616	1466	960
	22	14 665	7135	4073	1971	933	0	0	0
	29	1383	212	106	0	0	0	0	0
	36	0	0	0	0	0	0	0	0

从载荷幅值分布规律可以看出，小幅值载荷的频次多，严重影响着载荷统计分布，幅值载荷分布拟合中，大载荷的拟合度明显低于小载荷，即某些满足可靠度要求的分布不能完全反映雨流技术处理过的均值和幅值的频次图谱。利用三参数威布尔分布拟合 Range-Cycles 时，较少考虑大载荷频次的影响，强化了小载荷对参数分布的影响。这也正是参数法不足的地方。参数法设定均值和幅值服从的分布会造成其与实际模型有较大的误差，导致参数法外推的部分大载荷频次数减少。因此利用参数法外推进行挖掘机工作装置外载荷的载荷谱编制，会降低载荷谱块的损伤值，影响其寿命预测结果的准确性。

利用挖掘机工作装置斗齿尖二维载荷谱，根据波动中心法计算级均值，编制挖掘机工作装置斗齿尖力 F_x、F_y、M_x 和 M_y 的级均值 8 级载荷谱分别如表 5.11~表 5.14 所示。

表 5.11　挖掘机工作装置铲斗斗齿尖力 F_x 级均值 8 级载荷谱

	第1级	第2级	第3级	第4级	第5级	第6级	第7级	第8级
幅值/kN	328	312	279	238	189	139	90	41
级均值/kN	95.5	91.1	94.5	92.8	96.7	91.9	90.5	110
作用频次	444 914	256 040	143 169	81 787	44 167	22 090	8095	2337

表 5.12　挖掘机工作装置铲斗斗齿尖力 F_y 级均值 8 级载荷谱

	第1级	第2级	第3级	第4级	第5级	第6级	第7级	第8级
幅值/kN	417	396	354	302	240	177	115	52
级均值/kN	152.5	158.6	158.1	160.2	159	168.9	169.1	175
作用频次	455 807	255 836	125 421	70 609	32 061	16 731	9444	2028

表 5.13　挖掘机工作装置铲斗斗齿尖力 M_x 级均值 8 级载荷谱

	第1级	第2级	第3级	第4级	第5级	第6级	第7级	第8级
幅值/(kN·m)	64	61	54	46	37	27	18	8
级均值/(kN·m)	1.6	1.5	1.7	1.6	1.6	1.9	1.7	0.4
作用频次	450 836	251 007	162 735	75 339	38 211	21 223	10 962	3421

表 5.14　挖掘机工作装置铲斗斗齿尖力 M_y 级均值 8 级载荷谱

	第1级	第2级	第3级	第4级	第5级	第6级	第7级	第8级
幅值/(kN·m)	328	312	279	238	189	139	90	41
级均值/(kN·m)	8.5	9.1	9.4	8.2	8.9	9.2	8.1	10.8
作用频次	450 543	237 006	130 137	64 370	30 843	15 485	6014	2400

　　挖掘机工作装置级均值 8 级载荷谱可用于疲劳台架试验的载荷谱加载，以及焊接结构的疲劳寿命评估，为挖掘机的使用、维护和管理提供重要的技术支持。

本 章 小 结

　　本章建立工作装置外载荷识别模型和 D-H 坐标系变换方法，求得铲斗斗齿尖处外载荷；使用 Matlab 软件提取外载荷峰值中的最大值并计算峰值均值，得到对应工作装置斗齿尖载荷峰值的三个挖掘机作业姿态；对斗齿尖载荷进行峰谷抽取、小波剔除以及压缩数据后的伪损伤比计算，并采用雨流技术法对疲劳载荷进行处理，得到幅值-均值矩阵，然后采用正态分布和三参数威布尔分布拟合均值和幅值的概率分布，得到 3 种工况的载荷均值和幅值的概率分布函数；采用参数外推法扩展 3 种工况的载荷循环次数，得到 3 种工况的均值和幅值的极大值，从而确定全工况的极值载荷；对具有相同区间划分的不同工况求得的载荷谱进行线性叠加，得到基于参数法外推的挖掘机斗齿尖二维载荷谱；根据波动中心法计算级均值，从而编制挖掘机工作装置斗齿尖级均值一维载荷谱。

第6章
挖掘机斗杆和动臂疲劳试验载荷谱编制研究

台架疲劳试验是目前学术界普遍认可的疲劳研究方法，通过疲劳试验装置模拟试验工况，以试验样件疲劳破坏形式与实际是否相同来评判试验的有效性。对于在工作中承受载荷方向不变的机构而言，只需保持受力方向一致，加载实测工况载荷谱即可。但是挖掘机工作装置是具有多自由度的结构，在进行挖掘作业时工作姿态和各零部件外载荷大小、方向都是随时间变化的。现有技术无法实现挖掘机不同姿态下随机载荷的连续加载，因此台架疲劳试验只能在固定姿态下进行，实测的工作装置载荷数据包含了姿态信息，无法直接用于载荷谱的编制。

早在20世纪80年代就有学者陆续提出了在挖掘机工作装置某一固定工作姿态下，通过对斗齿尖加载来进行疲劳试验。这种试验分析方法很难反映工作装置姿态多变的特性，只能体现某一姿态下危险点的应力状态，且不同型号挖掘机工作装置之间的通用性较差。针对上述问题，本书提出了将工作装置斗杆和动臂单独进行分析的疲劳寿命评估方法，旨在解决台架疲劳试验和复杂载荷等效的分析流程。分析流程分为以下几个步骤：

（1）根据现有试验条件提出斗杆和动臂在室内台架疲劳试验机上的加载方式，旨在解决整机台架疲劳试验姿态误差大、危险点位置局限于某种姿态与试验结果通用性差的缺陷。

（2）通过试验测试数据，推导出各铰接点的铰点力，为等效载荷提供数据基础。

（3）根据铰点力和斗杆、动臂的实际结构尺寸，推导出台架疲劳试验方案的等效载荷，解决疲劳试验无法再现各铰接点同步加载的问题。

（4）对推导出的等效载荷进行数据处理，编写等效载荷的载荷谱，为台架疲劳试验程序谱的编制提供参考数据。

6.1 台架疲劳加载方案

在实际作业中，挖掘机工作装置的姿态是时刻变换的，台架疲劳试验则受限于现有技术，只能在固定姿态下进行。将台架疲劳试验加载方式与实际工程应用中的承载方式统一，使斗杆和动臂单独在各自局部坐标系下进行等效载荷的台架疲劳试验，可有效降低试验误差，解决疲劳试验姿态无法确定的问题。

在实际工程作业中，斗杆和动臂各铰接点的铰点力大小、方向是随着工作姿态的变化在时刻发生改变的，将斗杆和动臂各铰点力分解到各自的局部坐标系下，可保证各铰点力方向一致。考虑到动臂和斗杆在工作过程中，由于结构、工作姿态的影响，对垂直方向（Y 方向）的力较为敏感，可简化斗杆和动臂结构的边界约束条件，动臂和斗杆局部坐标系与铰点力分别如图 6.1 和图 6.2 所示。其中，以动臂铰接点 A 为坐标原点建立 X_1AY_1 动臂局部坐标系，铰接点 A、E 连线为 X_1 轴正方向，垂直向上方向为 Y_1 轴正方向。以斗杆铰接点 F 为坐标原点建立 X_2FY_2 斗杆局部坐标系，铰接点 F、M 连线为 X_2 轴正方向，垂直向上方向为 Y_2 轴正方向。图中各铰点力的命名方式保持一致，例如，F_{DX_1} 表示铰接点 D 在 X_1 正方向的受力，F_{DY_1} 表示铰接点 D 在 Y_1 正方向的受力，其余各铰接点在各自结构的局部坐标系下力的表示方式与此相同。

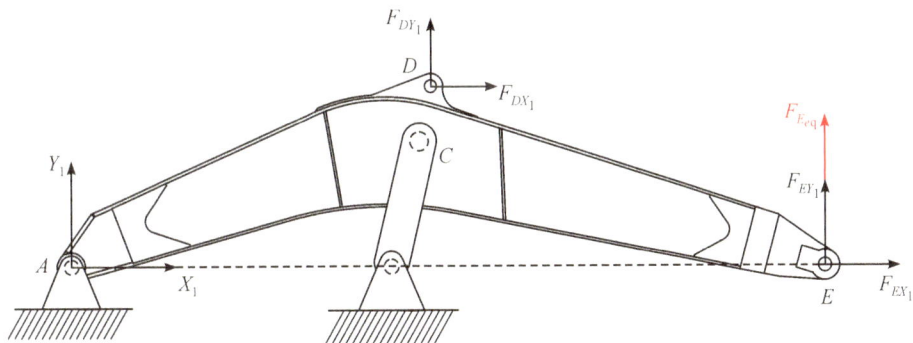

图 6.1 动臂局部坐标系与铰点力

根据现有台架疲劳试验机的加载方式，拟定动臂台架疲劳试验的加载方式，如图 6.1 所示。试验在动臂局部坐标系 X_1AY_1 下进行，约束铰接点 A 和铰接点 C，只在铰接点 E 处沿 Y_1 方向进行加载，力 $F_{F_{eq}}$ 表示最终确定的施加在铰接点 E 的动臂等效载荷。动臂油缸用刚性杆替代。

拟定斗杆台架疲劳试验的加载方式，如图 6.2 所示，试验在斗杆局部坐标系 X_2FY_2 下进行，约束铰接点 E 和铰接点 F，只在铰接点 M 处沿 Y_2 方向进行加载，力

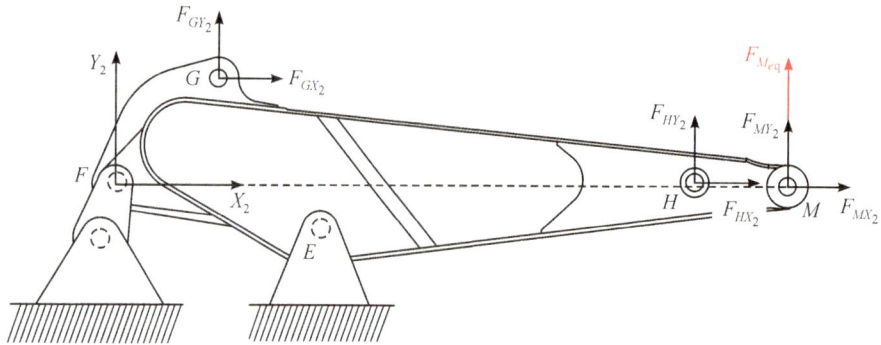

图 6.2 斗杆局部坐标系与铰点力

$F_{M_{eq}}$ 表示最终确定的施加在铰接点 M 的斗杆等效载荷。斗杆油缸用刚性杆替代。

动臂和斗杆在结构平面内主要承受弯曲应力,对竖向载荷敏感,故确定等效载荷方向为垂直方向。动臂和斗杆的台架疲劳试验的加载方案如图 6.3 和图 6.4 所示。

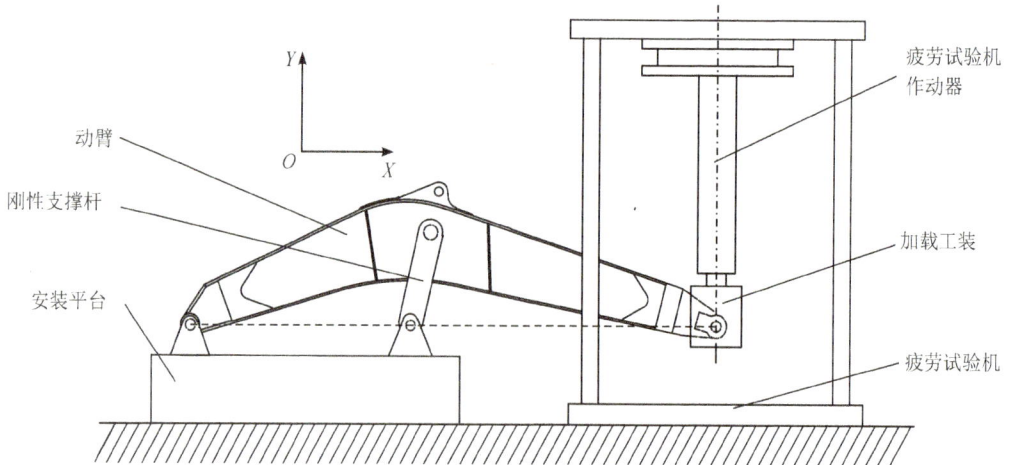

图 6.3 动臂台架疲劳试验加载方案

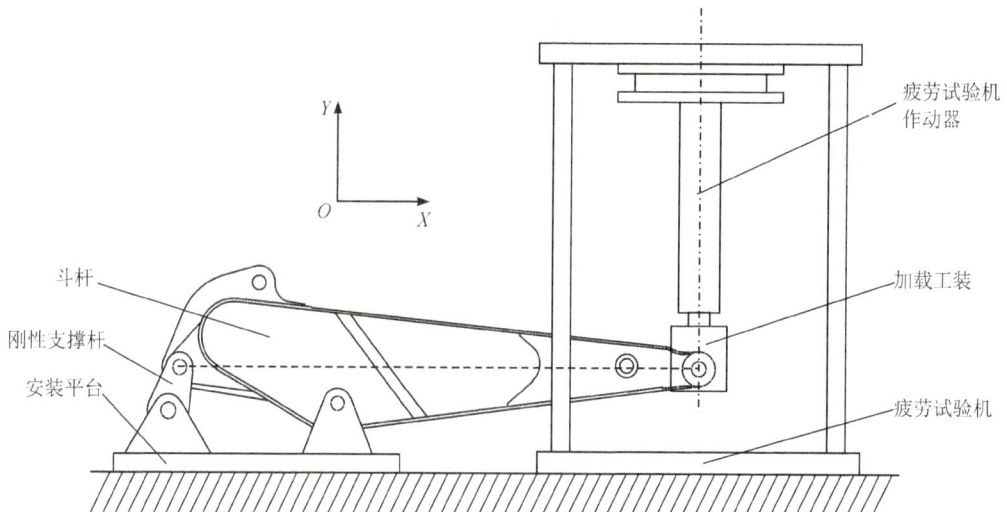

图 6.4 斗杆台架疲劳试验加载方案

疲劳试验机与刚性地面用地脚螺栓固定连接，通过设计的加载工装将疲劳试验机作动器与工件相连。试验时，由计算机控制疲劳试验机作动器施加等效载荷的疲劳加载程序谱，作动器通过内置的力和位移传感器将实际载荷反馈给控制系统，形成反馈调节系统，以确保施加载荷的准确性。

6.2　铰点力计算

6.2.1　铰点力公式推导

挖掘机在工作过程中工作姿态和作用力方向不断变化的特性，决定了在编制载荷谱时需要采用等效载荷来编制，而在计算等效载荷时需要考虑到工作装置各铰接点承受载荷的大小与方向，通过分析工作装置结构模型，由销轴力、连杆力和油缸位移推导出工作装置各铰接点处的铰点力，为等效载荷计算提供数据，进而编制出等效载荷的载荷谱。挖掘机工作装置铰点力计算推导图如图 6.5 所示。

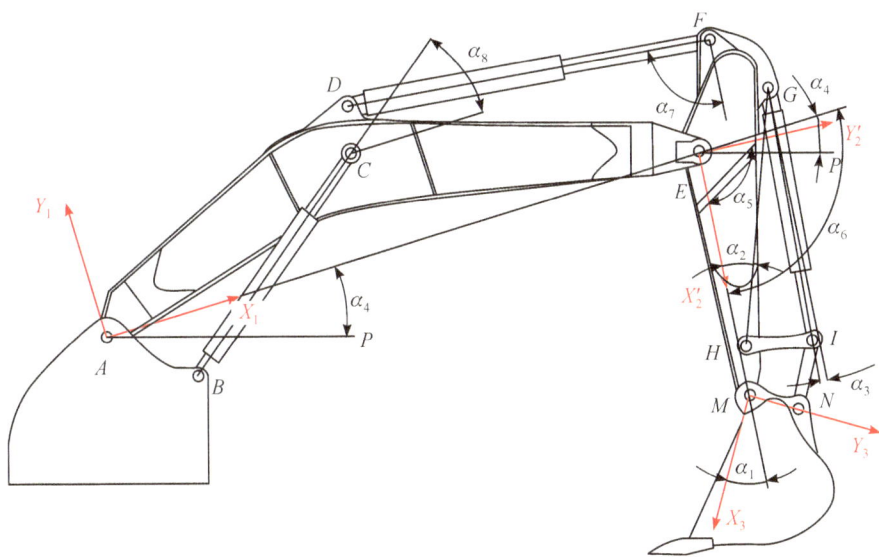

图 6.5　挖掘机工作装置铰点力计算推导图

分别建立斗杆、动臂和铲斗的局部坐标系，如图 6.5 所示。以动臂铰接点 A 为坐标原点建立 X_1AY_1 动臂局部坐标系，以铰接点 A、E 连线为 X_1 轴正方向，与 X_1 轴垂直向上方向为 Y_1 轴正方向。以斗杆铰接点 E 为坐标原点建立 $X_2'EY_2'$ 斗杆局部坐标系，以

铰接点 E、M 连线为 X_2' 轴正方向，与 X_2' 轴垂直向外方向为 Y_2' 轴正方向。以铰接点 M 为坐标原点建立 X_3MY_3 铲斗局部坐标系，以铰接点 M、N 为 Y_3 轴正方向，与 Y_3 轴垂直向斗齿尖方向为 X_3 轴正方向。其中，α_1 为铲斗局部坐标系 X_3 正方向与斗杆坐标系 X_2' 正方向之间的夹角；α_2 为 GH 与 X_2' 正方向之间的夹角；α_3 为铲斗油缸与 X_2' 正方向之间的夹角；α_4 为 AE 延长线与水平面之间的夹角；α_5 为 X_2' 正方向与水平面之间的夹角；α_6 为 X_1 正方向与 X_2' 正方向之间夹角；α_7 为 DF 与 X_2' 正方向之间的夹角；α_8 为 BC 延长线与 X_1 正方向之间的夹角。$\angle INM$、$\angle HMN$ 和 α_1 分别如式(6.1)~式(6.3)所示。

$$\angle INM = \arccos\left(\frac{\overline{IN}^2 + \overline{MN}^2 - \overline{MI}^2}{2 \cdot \overline{IN} \cdot \overline{MN}}\right) \tag{6.1}$$

$$\angle HMN = 2\pi - \angle IHM - \angle HIN - \angle INM \tag{6.2}$$

$$\alpha_1 = \pi - \angle HME - \angle HMN \tag{6.3}$$

测试销轴力的 X 和 Y 方向分别为 X_3MY_3 铲斗局部坐标系坐标轴正方向，由于力的相互作用，斗杆铰接点 M 处铰点力与销轴力方向相反，将销轴力转换至 $X_2'EY_2'$ 斗杆局部坐标系正方向下，斗杆铰接点 M 处铰点力如式(6.4)所示。

$$\begin{cases} F_{MX_2'} = -(F_{ZX_3} \cdot \cos\alpha_1 + F_{ZY_3} \cdot \sin\alpha_1) \\ F_{MY_2'} = -(F_{ZX_3} \cdot \sin\alpha_1 - F_{ZY_3} \cdot \cos\alpha_1) \end{cases} \tag{6.4}$$

式中：F_{ZX_3} 和 F_{ZY_3} 为销轴沿 X_3MY_3 坐标系 X_3、Y_3 正方向的铰点力；$F_{MX_2'}$ 和 $F_{MY_2'}$ 为动臂铰接点 M 沿 $X_2'EY_2'$ 坐标系 X_2'、Y_2' 正方向的铰点力。

通过试验测得的连杆力 F_{IN}，可求得铲斗油缸力 F_{GI} 和 G、H 处的铰点力。求解过程中的几何参数 $\angle GHI$、$\angle IHM$、$\overline{IM}$、$\angle HIN$、$\angle GIH$ 分别如式(6.5)~式(6.9)所示。

$$\angle GHI = \arccos\left(\frac{\overline{GH}^2 + \overline{HI}^2 - \overline{GI}^2}{2 \cdot \overline{GH} \cdot \overline{HI}}\right) \tag{6.5}$$

$$\angle IHM = \angle GHM - \angle GHI \tag{6.6}$$

$$\overline{IM} = \sqrt{\overline{HI}^2 + \overline{HM}^2 - 2 \cdot \overline{HI} \cdot \overline{HM} \cdot \cos\angle IHM} \tag{6.7}$$

$$\begin{aligned} \angle HIN &= \angle HIM + \angle NIM \\ &= \arccos\left(\frac{\overline{IM}^2 + \overline{HI}^2 - \overline{HM}^2}{2 \cdot \overline{IM} \cdot \overline{HI}}\right) + \arccos\left(\frac{\overline{IM}^2 + \overline{IN}^2 - \overline{MN}^2}{2 \cdot \overline{IM} \cdot \overline{IN}}\right) \end{aligned} \tag{6.8}$$

$$\begin{cases} \angle GIH = \arccos\left(\frac{\overline{GI}^2 + \overline{HI}^2 - \overline{GH}^2}{2 \cdot \overline{GI} \cdot \overline{HI}}\right) = \arccos\left(\frac{F_{GI}^2 + F_{HI}^2 - F_{IN}^2}{2 \cdot F_{GI} \cdot F_{HI}}\right) \\ \cos\angle HIN = \frac{F_{IN}^2 + F_{HI}^2 - F_{GI}^2}{2 \cdot F_{IN} \cdot F_{HI}} \end{cases} \tag{6.9}$$

通过 Matlab 编程求解方程组(6.9)，可得铲斗油缸力 F_{GI} 和摇杆力 F_{HI}，且 F_{GI} 和

F_{HI} 的数值正负号相同。进而求得铰接点 G 和 H 处铰点力如式(6.10)和式(6.15)所示。

$$\begin{cases} F_{HX_2'} = F_{HI} \cdot \cos(\alpha_2 + \angle GHI) \\ F_{HY_2'} = -F_{HI} \cdot \sin(\alpha_2 + \angle GHI) \end{cases} \quad (6.10)$$

式中：$F_{HX_2'}$ 和 $F_{HY_2'}$ 为动臂铰接点 H 沿 $X_2'EY_2'$ 坐标系 X_2'、Y_2' 正方向的铰点力。

求解过程中的几何参数 $\angle GIH$、$\angle HGI$、$\angle IGM$、α_3 分别如式(6.11)~式(6.14)所示。

$$\angle GIH = \arccos\left(\frac{\overline{GI}^2 + \overline{HI}^2 - \overline{GH}^2}{2 \cdot \overline{GI} \cdot \overline{HI}}\right) \quad (6.11)$$

$$\angle HGI = \pi - \angle GIH - \angle GHI \quad (6.12)$$

$$\angle IGM = \angle HGI - \angle MGH \quad (6.13)$$

$$\alpha_3 = \angle EMG - \angle IGM \quad (6.14)$$

$$\begin{cases} F_{GX_2'} = F_{GI} \cdot \cos\alpha_3 \\ F_{GY_2'} = -F_{GI} \cdot \sin\alpha_3 \end{cases} \quad (6.15)$$

式中：$F_{GX_2'}$ 和 $F_{GY_2'}$ 为动臂铰接点 G 沿 $X_2'EY_2'$ 坐标系 X_2'、Y_2' 正方向的铰点力。

求解过程中的几何参数 $\angle DEF$、$\angle AEM$、$\angle BAC$、α_4、$\angle AEM$ 分别如式(6.16)~式(6.20)所示。

$$\angle DEF = \arccos\left(\frac{\overline{DE}^2 + \overline{EF}^2 - \overline{DF}^2}{2 \cdot \overline{DE} \cdot \overline{EF}}\right) \quad (6.16)$$

$$\angle AEM = 2\pi - \angle AED - \angle DEF - \angle FEM \quad (6.17)$$

$$\angle BAC = \arccos\left(\frac{\overline{AB}^2 + \overline{AC}^2 - \overline{BC}^2}{2 \cdot \overline{AB} \cdot \overline{AC}}\right) \quad (6.18)$$

$$\alpha_4 = \angle BAC - \angle CAE - \angle BAP \quad (6.19)$$

$$\angle AEM = \pi - \alpha_4 - \alpha_5 \quad (6.20)$$

将式(6.17)代入式(6.20)求得的 α_5，如式(6.21)所示。

$$\alpha_5 = \angle AED + \angle DEF + \angle FEM - \pi - \alpha_4 \quad (6.21)$$

在进行铰点力推导时还应考虑到动臂自身重力 $G_\text{动}$ 和斗杆自身的重力 $G_\text{斗}$，铲斗的重力与掘起物料的重力已包含在载荷测试结果内，不用考虑。斗杆重力在 X_2EY_2 坐标系坐标轴正方向的铰点力如式(6.22)所示。

$$\begin{cases} G_{\text{斗}X_2'} = G_\text{斗} \cdot \cos(\pi/2 - \alpha_5) = G_\text{斗} \cdot \sin\alpha_5 \\ G_{\text{斗}Y_2'} = -G_\text{斗} \cdot \sin(\pi/2 - \alpha_5) = -G_\text{斗} \cdot \cos\alpha_5 \end{cases} \quad (6.22)$$

式中：$G_{\text{斗}X_2'}$ 和 $G_{\text{斗}Y_2'}$ 为斗杆自身重力沿 $X_2'EY_2'$ 坐标系 X_2'、Y_2' 正方向的铰点力。

根据斗杆受力情况列力平衡方程，如式(6.23)所示。

$$\begin{cases} F_{FX_2'} + F_{EX_2'} + F_{GX_2'} + F_{HX_2'} + F_{MX_2'} + G_{\text{斗}X_2'} = 0 \\ F_{FY_2'} + F_{EY_2'} + F_{GY_2'} + F_{HY_2'} + F_{MY_2'} + G_{\text{斗}Y_2'} = 0 \\ -F_{FX_2'} \cdot Y_{EF} - F_{FY_2'} \cdot X_{EF} - F_{GX_2'} \cdot Y_{GE} - F_{GY_2'} \cdot X_{GE} - G_{\text{斗}X_2'} \cdot Y_{G_{\text{斗}}E} + \\ G_{\text{斗}Y_2'} \cdot X_{G_{\text{斗}}E} - F_{HX_2'} \cdot Y_{HE} + F_{HY_2'} \cdot X_{HE} + F_{MY_2'} \cdot X_{ME} = 0 \\ F_{FX_2'} \cdot Y_{FM} + F_{FY_2'} \cdot X_{FM} + F_{GX_2'} \cdot Y_{GM} + F_{GY_2'} \cdot X_{GM} + G_{\text{斗}X_2'} \cdot Y_{G_{\text{斗}}M} + \\ G_{\text{斗}Y_2'} \cdot X_{G_{\text{斗}}M} + F_{HX_2'} \cdot Y_{HM} + F_{HY_2'} \cdot X_{HM} + F_{EY_2'} \cdot X_{ME} = 0 \end{cases} \tag{6.23}$$

式中：$F_{EX_2'}$、$F_{EY_2'}$ 和 $F_{FX_2'}$、$F_{FY_2'}$ 分别为动臂铰接点 E、F 沿 $X_2'EY_2'$ 坐标系 X_2'、Y_2' 正方向的铰点力；X_{EF}、X_{GE}、X_{HE}、X_{ME}、$X_{G_{\text{斗}}E}$、Y_{EF}、Y_{GE}、Y_{HE}、$Y_{G_{\text{斗}}E}$ 分别为铰接点 E、G、H、M 及斗杆质心位置到 $F_{EX_2'}$ 和 $F_{EY_2'}$ 作用线的垂直距离；X_{FM}、X_{GM}、X_{HM}、$X_{G_{\text{斗}}M}$、Y_{FM}、Y_{GM}、Y_{HM}、$Y_{G_{\text{斗}}M}$ 分别为铰接点 E、F、G、H 及斗杆质心位置到 $F_{MX_2'}$ 和 $F_{MY_2'}$ 作用线的垂直距离。

求解方程组(6.23)，可获得铰接点 E、F 处沿 $X_2'EY_2'$ 坐标系正方向 X_2'、Y_2' 方向的铰点力，即 $F_{EX_2'}$、$F_{EY_2'}$ 和 $F_{FX_2'}$、$F_{FY_2'}$。

将铰接点 E、F 在 $X_2'EY_2'$ 坐标系的坐标轴正方向的铰点力转换至 X_1AY_1 坐标系的坐标轴正方向的铰点力，结合力平衡方程，可进一步求得动臂各个铰接点位置的铰点力。α_6 的计算如式(6.24)所示。

$$\alpha_6 = \alpha_4 + \alpha_5 \tag{6.24}$$

将斗杆铰接点 E 的铰点力转换为 X_1AY_1 坐标系的坐标轴正方向铰点力，如式(6.25)所示。

$$\begin{cases} F_{EX_2'}' = F_{EY_2'} \cdot \cos\left(\alpha_6 - \dfrac{\pi}{2}\right) - F_{EX_2'} \cdot \sin\left(\alpha_6 - \dfrac{\pi}{2}\right) = F_{EY_2'} \cdot \sin\alpha_6 + F_{EX_2'} \cdot \cos\alpha_6 \\ F_{EY_2'}' = -\left[F_{EY_2'} \cdot \sin\left(\alpha_6 - \dfrac{\pi}{2}\right) + F_{EX_2'} \cdot \cos\left(\alpha_6 - \dfrac{\pi}{2}\right) \right] = F_{EY_2'} \cdot \cos\alpha_6 - F_{EX_2'} \cdot \sin\alpha_6 \end{cases} \tag{6.25}$$

式中：$F_{EX_2'}'$ 和 $F_{EY_2'}'$ 为斗杆铰接点 E 沿 X_1AY_1 坐标系 X_1、Y_1 正方向的铰点力。

同理可求得铰接点 F 沿 X_1AY_1 坐标系的坐标轴正方向的铰点力，如式(6.26)所示。

$$\begin{cases} F_{FX_2'}' = F_{FY_2} \cdot \sin\alpha_6 + F_{FX_2} \cdot \cos\alpha_6 \\ F_{FY_2'}' = F_{FY_2} \cdot \cos\alpha_6 - F_{FX_2} \cdot \sin\alpha_6 \end{cases} \tag{6.26}$$

式中：$F_{FX_2'}'$ 和 $F_{FY_2'}'$ 为斗杆铰接点 F 沿 X_1AY_1 坐标系 X_1、Y_1 正方向的铰点力。

由于力的相互作用原则，动臂铰接点 D、E 的铰点力大小如式(6.27)所示。

$$\begin{cases} F_{DX_1} = -F_{FX_2'}' \\ F_{DY_1} = -F_{FY_2'}' \end{cases} \text{和} \begin{cases} F_{EX_1} = -F_{EX_2'}' \\ F_{EY_1} = -F_{EY_2'}' \end{cases} \tag{6.27}$$

式中：F_{DX_1}、F_{DY_1} 和 F_{EX_1}、F_{EY_1} 分别为动臂铰接点 D、E 沿 X_1AY_1 坐标系 X_1、Y_1 正方向的铰点力。

在 $X_1 A Y_1$ 坐标系下，动臂重力 $G_{动}$ 在工作过程中力的变化如式（6.28）所示。

$$\begin{cases} G_{动X_1} = -G_{动} \cdot \sin\alpha_4 \\ G_{动Y_1} = -G_{动} \cdot \cos\alpha_4 \end{cases} \quad (6.28)$$

对动臂进行受力分析，列力平衡方程，如式（6.29）所示。

$$\begin{cases} F_{AX_1} + F_{CX_1} + F_{DX_1} + F_{EX_1} + G_{动X_1} = 0 \\ F_{AY_1} + F_{CY_1} + F_{DY_1} + F_{EY_1} + G_{动Y_1} = 0 \\ F_{CX_1} \cdot Y_{AC} - F_{CY_1} \cdot X_{AC} + F_{DX_1} \cdot Y_{AD} - F_{DY_1} \cdot X_{AD} - F_{EY_1} \cdot X_{AE} + \\ G_{动X_1} \cdot Y_{AG_动} - G_{动Y_1} \cdot X_{AG_动} = 0 \\ F_{AY_1} \cdot X_{AE} + F_{CX_1} \cdot Y_{CE} + F_{CY_1} \cdot X_{CE} + F_{DX_1} \cdot Y_{DE} + F_{DY_1} \cdot X_{DE} + \\ G_{动X_1} \cdot Y_{G_动E} + G_{动Y_1} \cdot X_{G_动E} = 0 \end{cases} \quad (6.29)$$

式中：F_{AX_1}、F_{AY_1} 和 F_{CX_1}、F_{CY_1} 分别为动臂铰接点 A、C 沿 $X_1 A Y_1$ 坐标系 X_1、Y_1 正方向的铰点力；X_{AC}、X_{AD}、X_{AE}、$X_{AG_动}$、Y_{AC}、Y_{AD}、$Y_{AG_动}$ 分别为铰接点 C、D、E 及动臂质心位置到 F_{AX_1} 和 F_{AY_1} 作用线的垂直距离；X_{AE}、X_{CE}、X_{DE}、$X_{G_动E}$、Y_{CE}、Y_{DE}、$Y_{G_动E}$ 分别为铰接点 A、C、D 及动臂质心位置到 F_{CX_1} 和 F_{CY_1} 作用线的垂直距离。

求解方程组（6.29），可得铰接点 A、C 的铰点力 F_{AX_1}、F_{AY_1} 和 F_{CX_1}、F_{CY_1}。求解过程中的几何参数 $\angle DFE$、α_7 分别如式（6.30）和式（6.31）所示。

$$\angle DFE = \arccos\left(\frac{\overline{DF}^2 + \overline{EF}^2 - \overline{DE}^2}{2 \cdot \overline{DF} \cdot \overline{EF}}\right) \quad (6.30)$$

$$\alpha_7 = \pi + \angle DFE - \angle FEM \quad (6.31)$$

分析液压油缸驱动作用方式，结合力学方程，可求得各油缸的油缸力，分别如式（6.32）和式（6.35）所示。

$$F_{DF} = F_{FX_1} \cdot \cos\alpha_7 - F_{FY_1} \cdot \sin\alpha_7 \quad (6.32)$$

求解过程中的几何参数 $\angle ABC$、α_8 分别如式（6.33）和式（6.34）所示。

$$\angle ABC = \arccos\left(\frac{\overline{AB}^2 + \overline{BC}^2 - \overline{AC}^2}{2 \cdot \overline{AB} \cdot \overline{BC}}\right) \quad (6.33)$$

$$\alpha_8 = \pi - \angle BAP - \angle ABC - \alpha_1 \quad (6.34)$$

$$F_{BC} = F_{CX_1} \cdot \cos\alpha_8 + F_{CY_1} \cdot \sin\alpha_8 \quad (6.35)$$

式中：F_{BC} 和 F_{DF} 分别为动臂油缸力和斗杆油缸力。

综上所述，借助 Matlab 软件进行公式求解，可求得挖掘机工作装置斗杆和动臂各铰接点的铰点力及油缸力。

6.2.2　计算结果分析

根据 6.2.1 节推导的公式通过 Matlab 软件，计算各铰接点的铰点力与油缸力。土方工况、石方工况和剥离工况下实测油缸力与计算油缸力对比分别如图 6.6～图 6.8 所示。

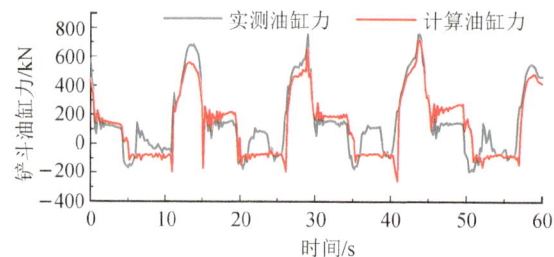

(a) 土方工况铲斗油缸力

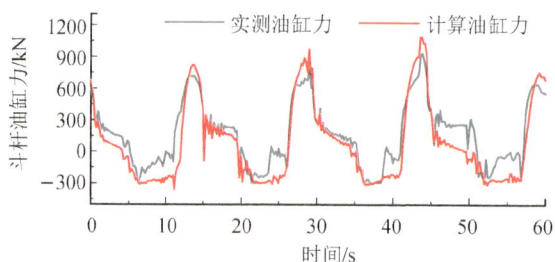

(b) 土方工况斗杆油缸力

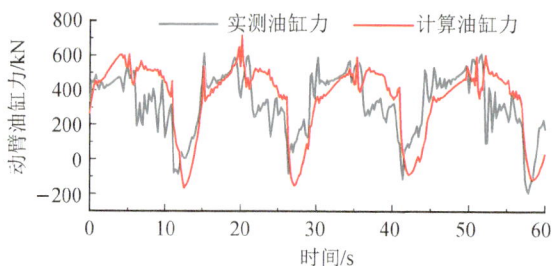

(c) 土方工况动臂油缸力

图 6.6　土方工况下实测油缸力与计算油缸力对比

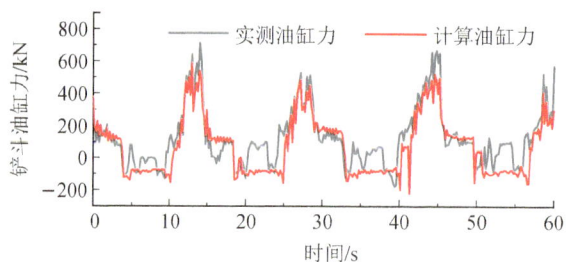

(a) 石方工况铲斗油缸力

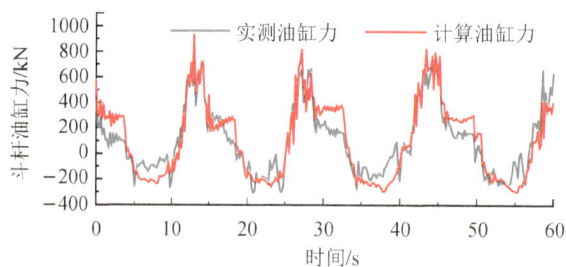

(b) 石方工况斗杆油缸力

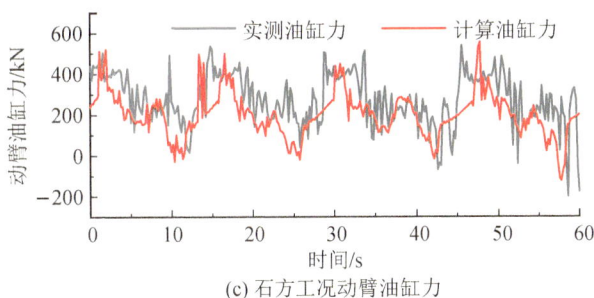

(c) 石方工况动臂油缸力

图 6.7　石方工况下实测油缸力与计算油缸力对比

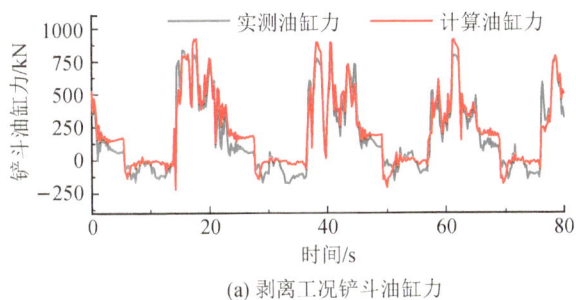

(a) 剥离工况铲斗油缸力

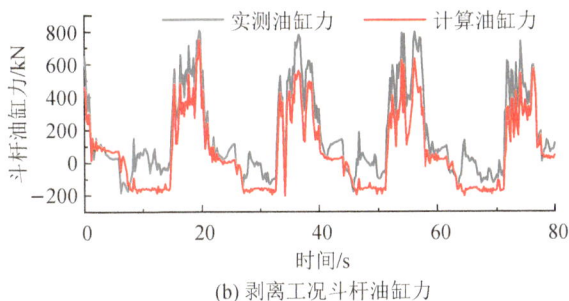

(b) 剥离工况斗杆油缸力

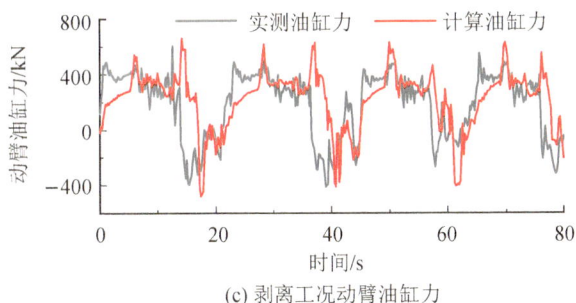

(c) 剥离工况动臂油缸力

图 6.8　剥离工况下实测油缸力与计算油缸力对比

　　对比 3 种工况下的实测油缸力和计算油缸力可以看出，计算结果和实测数值的误差较小，趋势基本一致。由于液压系统的液压油具有可压缩性，故油缸力具有对冲击载荷不敏感的特性；销轴和连杆传感器对冲击载荷较为敏感，故测试数据波动较大。因此通过测试载荷推导出的油缸力（计算油缸力）与实测油缸力两者之间的误差不可避免，且在时间历程上会出现载荷变化趋势不同步现象。

通过油缸与工作装置铰接点的铰点力变化，可得到工作过程中油缸与斗杆和动臂之间夹角的变化曲线，从而进一步分析其姿态变化与液压油缸夹角变化的对应关系，工作过程中油缸角度变化时间历程如图 6.9 所示。

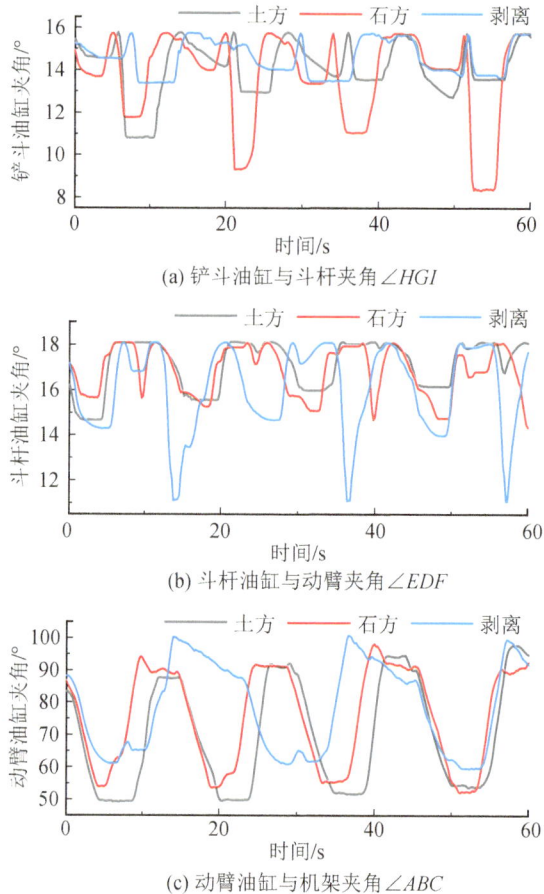

(a) 铲斗油缸与斗杆夹角∠HGI

(b) 斗杆油缸与动臂夹角∠EDF

(c) 动臂油缸与机架夹角∠ABC

图 6.9　工作过程中油缸角度变化时间历程

由图 6.9 可知，油缸角度在工作周期内呈现周期性变化，挖掘机工作时，当履带所在水平面与物料水平面相对高度不同时，各油缸的角度变化范围是不同的。在动臂举升阶段，动臂油缸伸长，∠ABC 减小；在动臂下降阶段，动臂油缸缩短，∠ABC 增大。在斗杆铰接点 M 所在端部向内运动阶段，斗杆油缸伸长，∠EDF 减小；在斗杆端部向内运动阶段，斗杆油缸缩短，∠EDF 增大。在铲斗斗齿绕铰接点 M 向内运动阶段，铲斗油缸伸长，∠HGI 随之增大，增大到一定角度后开始减小；在铲斗斗齿向外运动阶段，结论与之相反。综上所述，挖掘机油缸角度变化与工作装置姿态变化相关，这符合工作装置进行铲装作业过程规律，进一步验证了计算与测试结果的有效性。

土方工况各铰接点铰点力变化时间历程如图 6.10 所示。其中，铰接点 A、C、D 及动臂自身重力 $G_{动}$ 变化曲线是在动臂局部坐标系 X_1AY_1 下计算取得的参数，铰接点

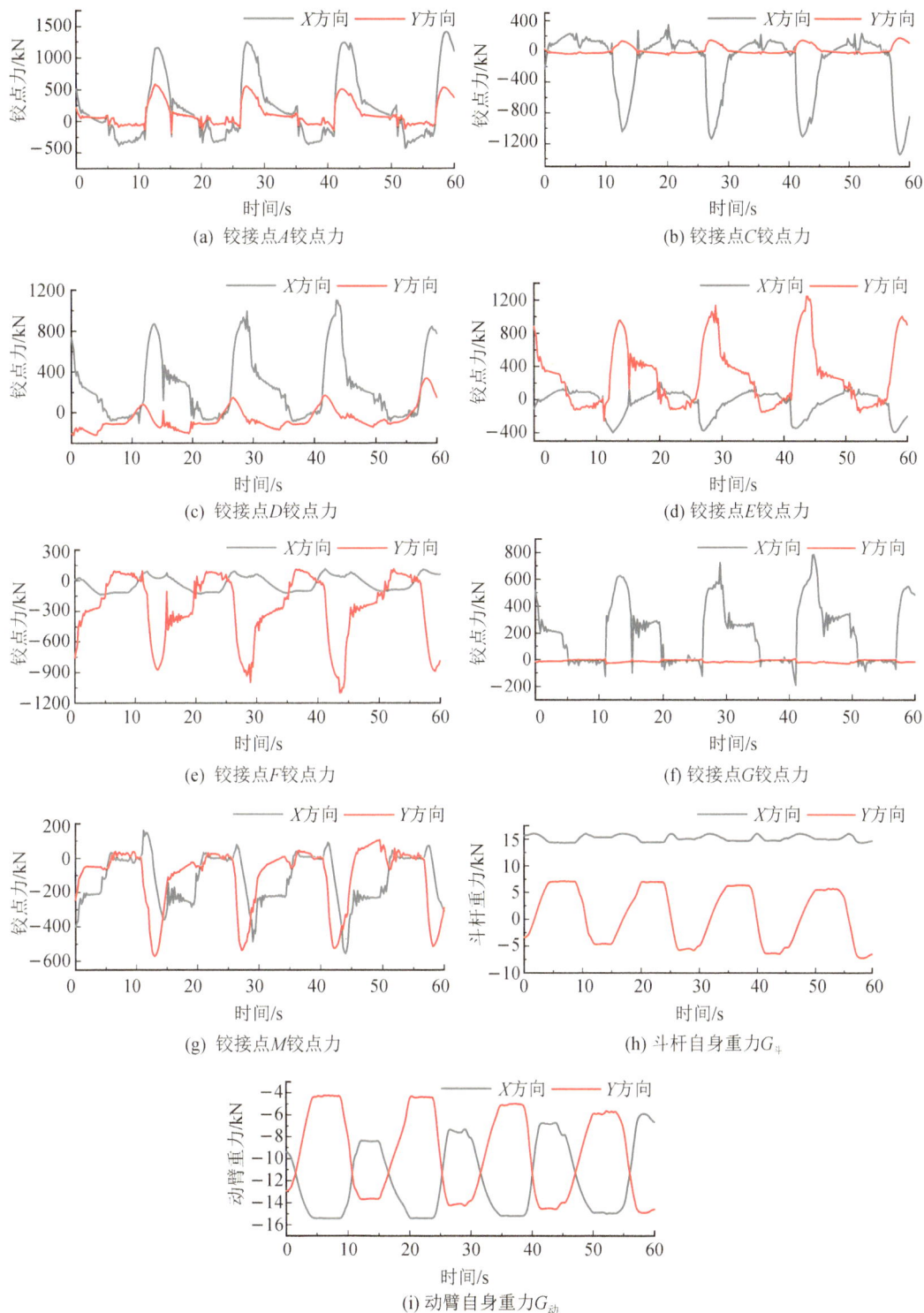

(a) 铰接点A铰点力

(b) 铰接点C铰点力

(c) 铰接点D铰点力

(d) 铰接点E铰点力

(e) 铰接点F铰点力

(f) 铰接点G铰点力

(g) 铰接点M铰点力

(h) 斗杆自身重力$G_{斗}$

(i) 动臂自身重力$G_{动}$

图 6.10　土方工况各铰接点铰点力变化时间历程

E、F、G、M、H 及斗杆自身重力 G_4 变化曲线是在斗杆局部坐标系 $X_2'EY_2'$ 下计算取得的参数。

由图 6.10 可知，受挖掘机工作装置挖掘作业周期的影响，各铰接点在 X 方向和 Y 方向的分力是呈现周期性变化的。挖掘机在挖掘阶段，受挖掘阻力作用，各铰接点铰点力方向虽有不同，但合力达到了载荷变化曲线的峰值；在提升回转阶段，各铰接点的合力相对峰值有所下降，并逐渐趋于平稳；在卸料阶段，各铰接点合力下降至空转返回阶段的平稳载荷，至此挖掘工作周期结束。由于每次挖掘作业时的物料与铲斗之间的相互作用力是不同的，导致相同工作周期内循环载荷变化趋势相同，但载荷大小不同，符合工作装置挖掘作业时的力学变化特性。

6.3　载荷等效方法

市场上同吨位的挖掘机虽然截面尺寸、外观不同，但是工作装置斗杆和动臂的铰接孔相对位置是根据运动学方程最优解所确定的，是基本一致的。在相同载荷作用下，斗杆和动臂的最大弯矩截面位置基本相同。故以斗杆和动臂最大弯矩截面位置的弯矩为基准确定的等效载荷，可保证同吨位挖掘机斗杆和动臂在等效载荷作用下的内应力分布规律一致。以等效载荷编制的疲劳试验载荷谱，适用于同吨位工作装置的斗杆和动臂。

斗杆在斗杆局部坐标下的平面内弯矩计算的示意图如图 6.11 所示，动臂在动臂局部坐标系下的平面内弯矩计算的示意图如图 6.12 所示。

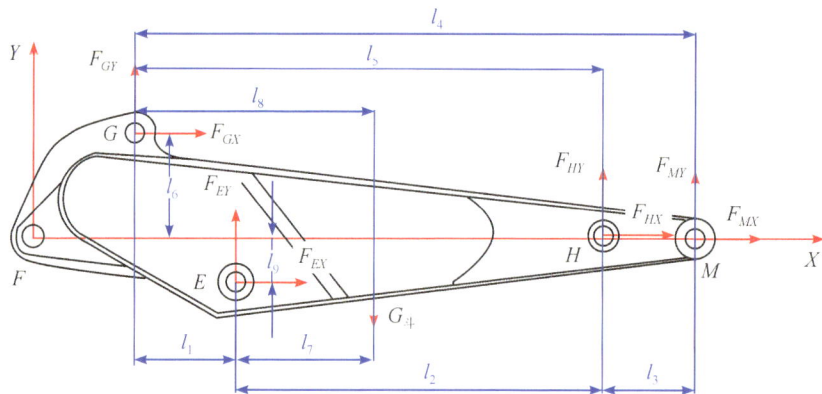

图 6.11　斗杆在斗杆局部坐标系下平面内弯矩计算示意图

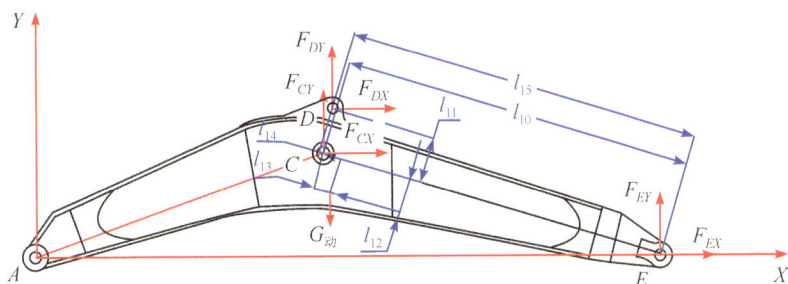

图 6.12　动臂在动臂局部坐标系下平面内弯矩计算示意图

斗杆和动臂的具体的等效过程如下：

（1）将计算的斗杆和动臂上的铰接点载荷转换到斗杆和动臂各自局部坐标系下；

（2）根据各铰接点计算载荷分别确定动臂和斗杆各自局部坐标系下平面内最大弯矩截面的弯矩；

（3）将最大弯矩截面的弯矩当量至疲劳试验加载时的等效载荷。

由图 6.11 可知，在斗杆载荷当量等效力计算时，以铰接点 F 为坐标原点建立 XFY 坐标系，以铰点 FM 连线为 X 轴正方向，与 X 轴垂直向上方向为 Y 轴正方向，坐标系 XFY 与铰点力计算时斗杆坐标系 $X_2'EY_2'$ 之间存在一定夹角。在进行载荷当量等效前，需进行坐标转换，将计算的斗杆铰点力转换至疲劳试验加载坐标系 XFY 下。以铰接点 M 的铰点力为例，力 F_{MX} 和力 F_{MY} 的计算如式（6.36）所示，斗杆其余铰接点的铰点力坐标转换计算方法与之相同。

$$\begin{cases} F_{MX} = F_{MX_2'} \cdot \cos\angle EMF - F_{MY_2'} \cdot \sin\angle EMF \\ F_{MY} = F_{MX_2'} \cdot \sin\angle EMF + F_{MY_2'} \cdot \cos\angle EMF \end{cases} \tag{6.36}$$

式中：F_{MX} 和 F_{MY} 分别为坐标系 XFY 下坐标轴正方向的铰点力。

斗杆上的最大弯矩截面比较明确，在斗杆局部坐标平面内，弯矩较大的截面是过铰接点 E 的截面（截面 E）或过铰接点 G 的截面（截面 G），两截面的弯矩计算公式分别如式（6.37）和式（6.38）所示，斗杆截面弯矩计算结果如图 6.13 所示。取两者中较大的弯矩反算图 6.11 所示等效载荷，结果如图 6.14 所示。

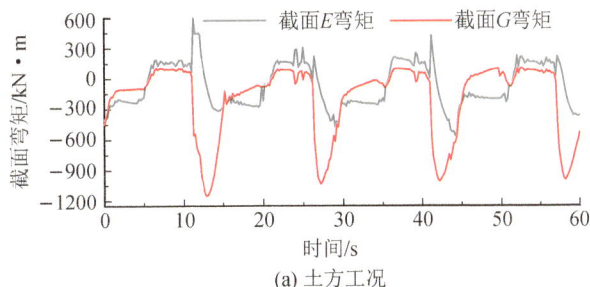

(a) 土方工况

(b) 石方工况

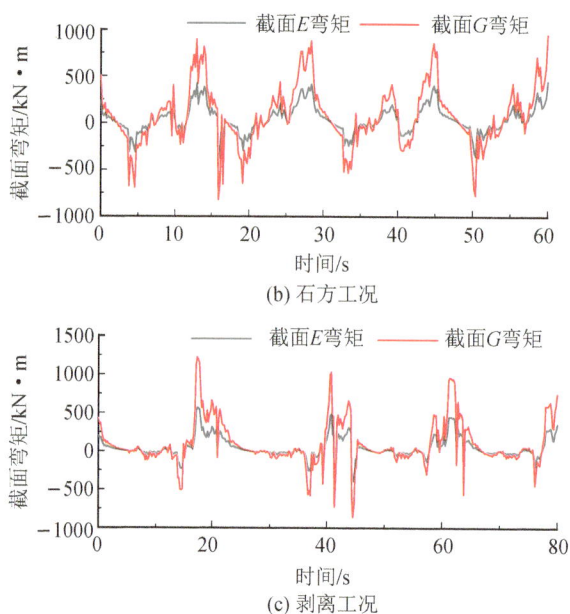

(c) 剥离工况

图 6.13 斗杆截面弯矩计算结果

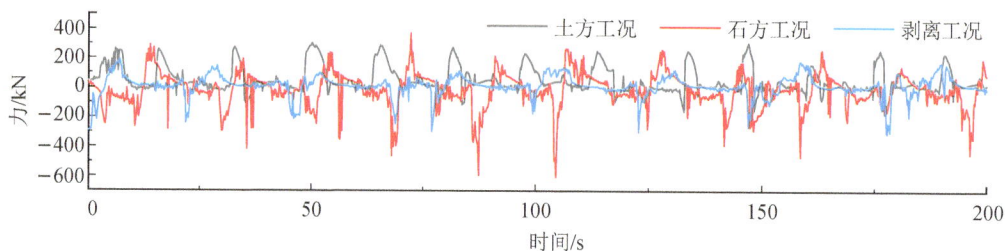

图 6.14 斗杆等效载荷计算结果

$$M_E = F_{MY} \cdot (l_2 + l_3) + F_{HY} \cdot l_2 - G_{斗} \cdot l_7 - F_{EX} \cdot l_9 \tag{6.37}$$

$$M_G = F_{MY} \cdot l_4 + F_{HY} \cdot l_5 - G_{斗} \cdot l_8 + F_{EY} \cdot l_1 + F_{EX} \cdot l_9 - F_{GX} \cdot l_6 \tag{6.38}$$

动臂上的最大弯矩截面的确定相对困难,在动臂局部坐标平面内,计算铰接点 C 和铰接点 D 处的弯矩,两截面弯矩计算公式分别如式(6.39)和式(6.40)所示,动臂截面弯矩计算结果如图 6.15 所示。取两者中较大的弯矩反算图 6.12 所示的等效载荷,结果如图 6.16 所示。

$$M_C = F_{EY} \cdot \cos\theta \cdot l_{10} + F_{EX} \cdot \sin\theta \cdot l_{10} + G_{动} \cdot \sin\theta \cdot l_{12} - G_{动} \cdot \cos\theta \cdot l_{12} \tag{6.39}$$

$$M_D = F_{EY} \cdot \cos\theta \cdot l_{15} + F_{EX} \cdot \sin\theta \cdot l_{15} + G_{动} \cdot \sin\theta \cdot l_{12} - G_{动} \cdot \cos\theta \cdot (l_{13} + l_{14})$$
$$+ F_{CX} \cdot \sin\theta \cdot l_{14} - F_{CY} \cdot \cos\theta \cdot l_{14} + F_{DX} \cdot \cos\theta \cdot l_{11} - F_{DY} \cdot \sin\theta \cdot l_{11} \tag{6.40}$$

(a) 土方工况

(b) 石方工况

(c) 剥离工况

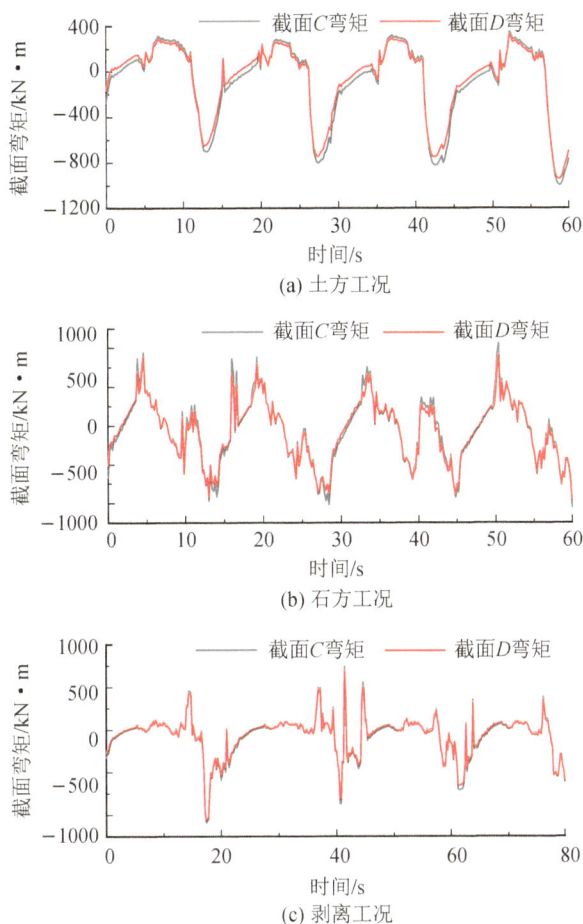

图 6.15　动臂截面弯矩计算结果

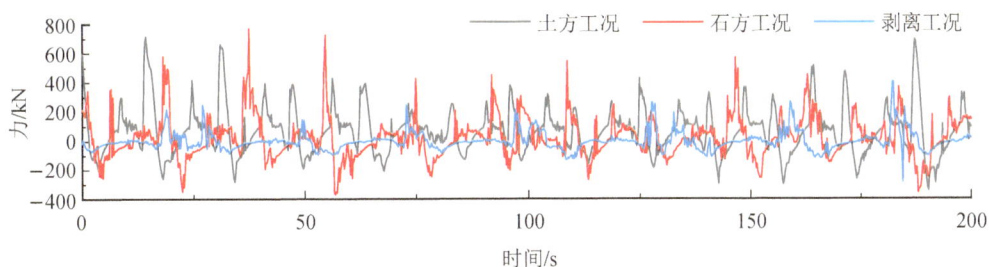

图 6.16　动臂等效载荷计算结果

　　分析斗杆和动臂截面弯矩及等效载荷曲线可知，截面弯矩受铰点力影响，呈现周期性变化，不同时间的最大截面弯矩所处截面位置虽有所不同，但最大弯矩位置仍呈现周期变化。由此得出的最大弯矩等效载荷计算结果具有周期性变化规律，力的大小变化与挖掘机进行循环挖掘作业时的工作装置外载荷变化趋势相同。以上分析说明等效载荷计算结果与斗杆和动臂所受外载荷状态相符，等效载荷计算结果有效。

6.4 疲劳试验载荷谱编制

6.4.1 信号编辑与雨流计数

为保证外载荷测试数据的完整性，在进行信号采集时采用了高采样频率的载荷信号采集方式，这就导致了在保证采集信号完整性的同时，也获得了大量无用信号，在进行载荷谱编制前需要对采集的数据信号进行编辑，将数据进行压缩。

在疲劳分析方式中需要的载荷数据为峰谷组成的循环，而由于高采样频率的原因，导致工作装置同一姿态下一定时间范围内的载荷数据变动较小，峰谷抽取后的数据包含很多在疲劳分析中不产生损伤的小循环，需要设置合理的阈值来删除多余数据，实现载荷信号的编辑，载荷信号峰谷值抽取编辑处理如图 6.17 所示。

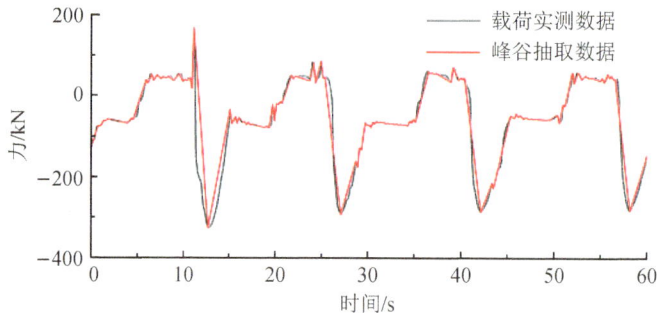

图 6.17 载荷信号峰谷值抽取编辑处理

对工作装置进行数据采集的频率为 5 Hz，为排除不产生损伤的载荷循环以及一定时间内变化幅度较小的载荷，在 nCode 软件中进行峰谷值抽取，以减少载荷数据。通过 nCode 里 Glyph Works 下 Peak Valley Slice 模块来实现对等效外载荷数据的编辑，如图 6.18 所示，其中阈值设定为最大值的 5%。

图 6.18 载荷信号编辑处理的实现

通过图 6.18 所示的数据处理流程,对斗杆和动臂的等效载荷进行数据处理,不同工况下等效载荷数据量变化如表 6.1 所示。

表 6.1　不同工况下等效载荷数据量变化

	斗　杆			动　臂		
	原始数据	峰谷抽取	变化量	原始数据	峰谷抽取	变化量
土方	2471	1198	−51.52%	2471	1262	−48.93%
石方	10 681	6230	−41.67%	10 681	6540	−38.77%
剥离	6051	3430	−43.32%	6051	3548	−41.37%

注:变化量是指经数据编辑剔除后的数据量与原始数据量的变化比值。

由表 6.1 可知,测试载荷数据里包含了大量无用及重复数据,这些数据不会对损伤计算产生任何影响,剔除后一定程度上减少了台架试验外载荷程序编制的工作量,提高了工作效率。

分析处理前、后的数据,进行原始数据与峰谷抽取处理后数据的时间历程伪损伤值计算,得出不同工况下数据抽取前、后的伪损伤值,载荷信号编辑结果损伤变化如图 6.19 所示。

(a) 斗杆数据

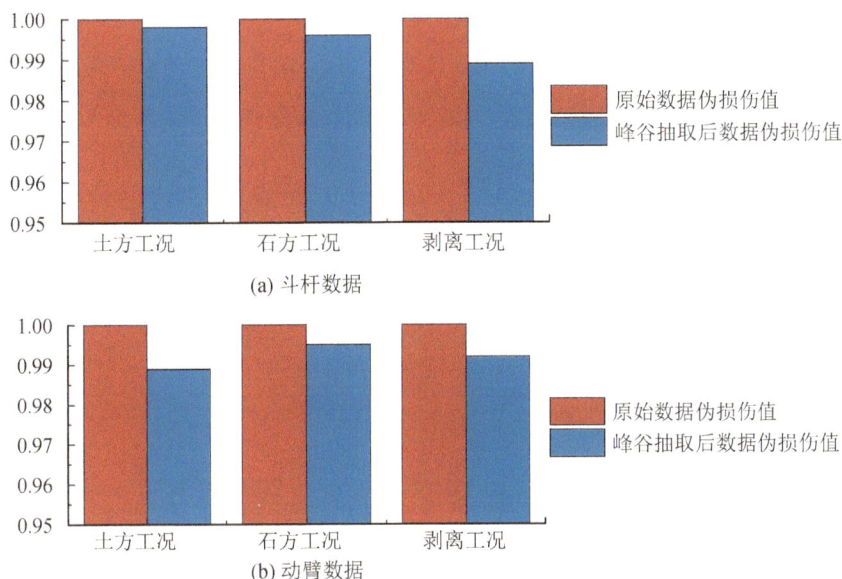

(b) 动臂数据

图 6.19　载荷信号编辑前后损伤变化

由图 6.19 可知,峰谷抽取在保留原始波形、时间顺序进行数据压缩的同时,还保证了峰谷抽取前、后的载荷伪损伤值均在 0.985 以上,表明峰谷抽取后数据有效。对峰谷抽取后的数据进行雨流计数,雨流计数法的基本理论基础认为由载荷-时间历程得到的应力-应变迟滞回线与造成的疲劳损伤是等效的。雨流计数法的基本原理如图 6.20 所示,雨流计数结果的存储矩阵形式如式(6.41)所示。

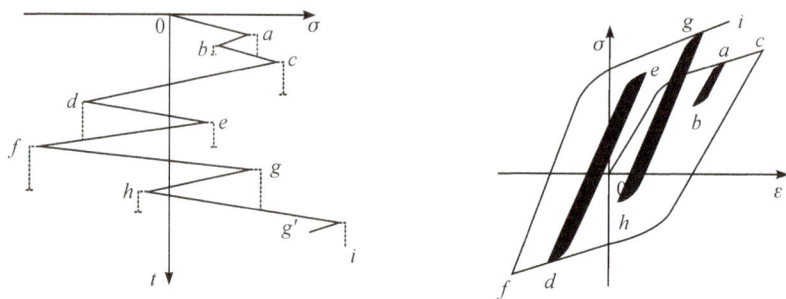

图 6.20 雨流计数法的基本原理

$$R(i,j)=\begin{bmatrix} r_{11} & r_{12} & \cdots & r_{1j} & \cdots & r_{1m} \\ r_{21} & r_{22} & \cdots & r_{2j} & \cdots & r_{2m} \\ \vdots & \vdots & & \vdots & & \vdots \\ r_{i1} & r_{i2} & \cdots & r_{ij} & \cdots & r_{im} \\ \vdots & \vdots & & \vdots & & \vdots \\ r_{m1} & r_{m2} & \cdots & r_{mj} & \cdots & r_{mm} \end{bmatrix} \qquad (6.41)$$

常用雨流矩阵有 **From-To** 矩阵、**Max-Min**(最大值-最小值)矩阵和 **Range-Mean**(幅值-均值)矩阵。**From-To** 矩阵中保留了载荷起始、终止及循环次数的关系,同时记录了载荷循环极大值、极小值及先后加载顺序,用于非参数法雨流外推。**Max-Min** 矩阵忽略循环中的载荷出现次序,能清晰表达转折点的极值,用于时域重构。**Range-Mean** 矩阵中记录了载荷幅值、均值、循环次数的关系,常用于疲劳损伤研究。雨流矩阵的 3 种典型表示方法如图 6.21 所示。

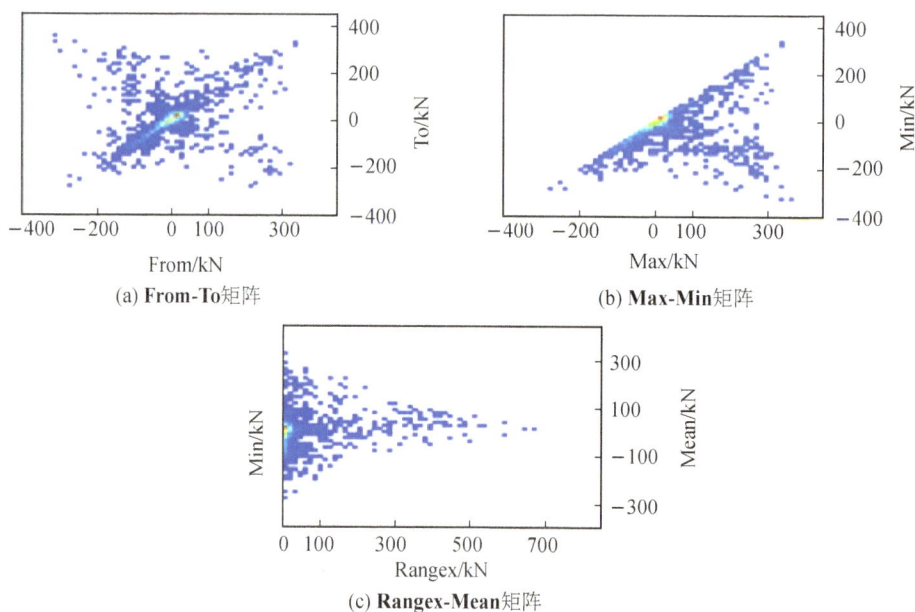

(a) **From-To**矩阵

(b) **Max-Min**矩阵

(c) **Rangex-Mean**矩阵

图 6.21 雨流矩阵的 3 种典型表示方法

在 nCode 的 Rainflow 模块中进行雨流计数，完成载荷幅值、均值的频次统计。矩阵模型选用 **Range-Mean** 雨流矩阵，得到的 3 种工况下斗杆、动臂等效载荷信号的 **Range-Mean** 雨流矩阵结果如图 6.22 和图 6.23 所示。

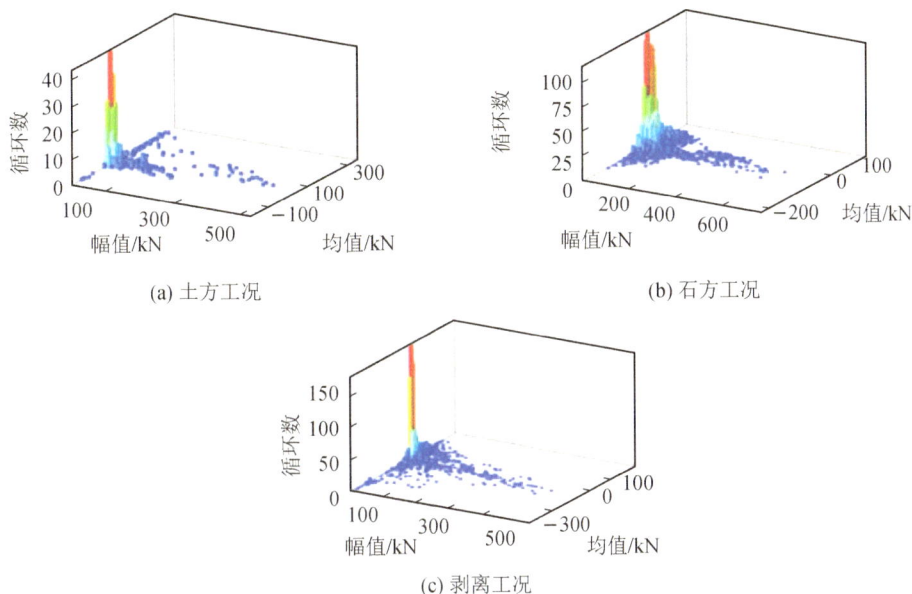

(a) 土方工况　　　　　　　　　　(b) 石方工况

(c) 剥离工况

图 6.22　斗杆典型作业工况下的等效载荷雨流计数

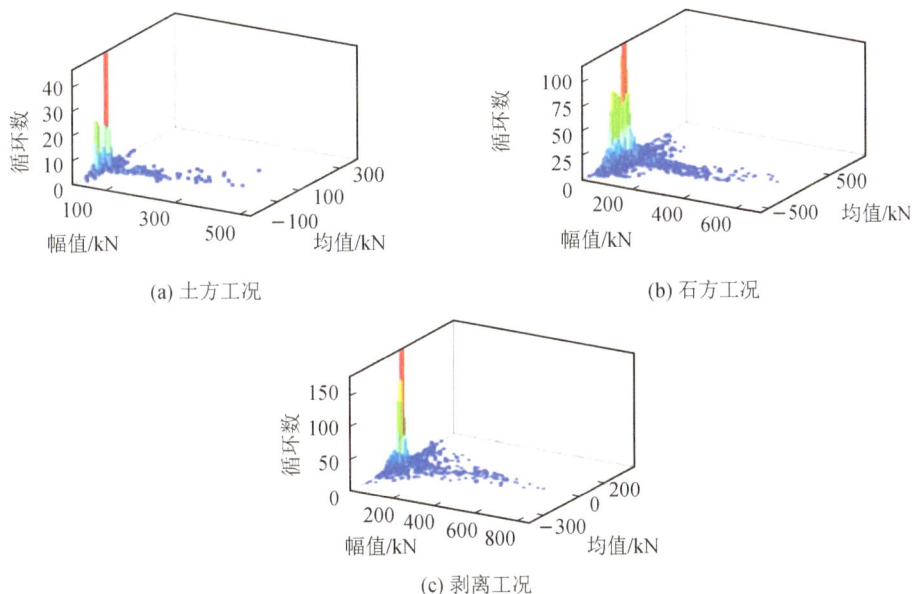

(a) 土方工况　　　　　　　　　　(b) 石方工况

(c) 剥离工况

图 6.23　动臂典型作业工况下的等效载荷雨流计数

由图 6.22 和图 6.23 所示的 **Range-Mean** 雨流矩阵结果可知，载荷信号幅值、均值载荷以低水平载荷为主，频次较多，高水平载荷频次较少。其原因是高水平载荷往往伴随着冲击载荷出现，通常在挖掘物料阶段出现，频次较低。低水平载荷在挖掘周期内每个挖掘阶段都有可能出现，频次较高。高、低水平载荷频次的不同与挖掘作业时载荷变化情况相符。

6.4.2　非参数估计法

载荷谱是进行疲劳损伤计算与寿命评估的基础，可通过实际工况载荷测试试验获得。但载荷测试不可能测得工作装置全寿命的载荷谱，只能得到一定载荷循环周期的载荷谱。考虑到测试过程中挖掘物料的不同、工人操作习惯及突发状况的影响，要想获得全寿命周期的载荷谱，不能仅仅通过已测得的载荷循环重复累加获得，还需要对载荷数据进行合理外推。常用的外推方法有时域外推和雨流矩阵外推，时域外推适用于平稳载荷，雨流矩阵外推对平稳性和非平稳性载荷均适用。动臂和斗杆属于非平稳性载荷，选用雨流矩阵外推方法。

雨流矩阵外推包含参数估计法和非参数估计法。参数估计法通常采用正态分布拟合均值频次，威布尔分布拟合幅值频次，具有快速并易于使用的特点。然而实测载荷分布较为复杂，很难运用固定的概率密度函数进行分布拟合。非参数估计法从本身数据分布特征出发，不需要假设数据的分布函数形式，概率密度由数据本身决定，灵活性较高，可有效解决分布形式复杂的函数估计问题。

基于核函数的核密度估计法的非参数法是工程研究中最常用的分析方法。其评估的结果较为精确，近些年在航空航天、轨道交通及工程机械等领域已取得了良好的应用效果。本节采用非参数核密度估计法进行斗杆和动臂雨流矩阵外推。

记斗杆和动臂弯矩等效所得外载荷的非参数模型如式(6.42)所示。

$$x_i = f(t_i) + \varepsilon_i \quad i = 1, 2, \cdots, n \tag{6.42}$$

式中：x_i 为 t_i 时刻的载荷测试数据；$f(t_i)$ 为非参数模型；ε_i 为随机载荷测试误差。

对 $f(t)$ 进行非参数估计，$f(t)$ 的估计值取 t 点的邻域内的均值加权修正值，如式(6.43)所示。

$$\hat{f}(t) = \frac{1}{n} \sum_{i=1}^{n} k_i(t) x_i \tag{6.43}$$

式中：$k_i(t)$ 为不同时刻的权重值，权重值的总和为 1。

载荷测试数据为不连续的点数据，为了保证数据的完整性和获得具有平滑性的概率密度，采用核密度估计法，用核函数 $g(u)$ 代替权重函数 $k_i(t)$。常用核函数有如式(6.44)所示的高斯核函数和如式(6.45)所示的 Epanechnikov 核函数。

$$g_1(u) = \frac{1}{\sqrt{2\pi}} e^{-\frac{u^2}{2}} \tag{6.44}$$

$$g_2(u) = 0.75(1 - u^2) \quad |u| \leqslant 1 \tag{6.45}$$

From-To 雨流矩阵常用于非参数法雨流外推，故将载荷时间历程保存为 **From-To** 雨流矩阵形式。重新定义数据点在概率密度函数中的权重，二维核密度估计如式(6.46)所示。

$$\hat{f}(y, z) = \frac{1}{n} \sum_{i=1}^{n} \left[g(y - y_i, z - z_i) \right] \qquad (6.46)$$

在进行雨流矩阵外推时，使用不同的核函数对外推结果影响较小，因为 Epanechnikov 核函数的投影与雨流矩阵形状较为吻合，相对来说更为直观，所以选用该函数进行雨流矩阵外推。

核密度估计精度主要受带宽 h 的影响，带宽过大或过小都会造成核密度估计的不准确。带宽 h 对核函数的影响如式(6.47)所示。

$$g(u) = \frac{1}{h} g_h(u) \qquad (6.47)$$

当带宽 h 较小时，影响核密度估计的准确性；当带宽 h 较大时，会影响载荷特性的完整性。Epanechnikov 核函数的最优带宽如式(6.48)所示。

$$h = 2.4\sigma n^{-\frac{1}{6}} \qquad (6.48)$$

式中：σ 为二维样本标准差中较小值；n 为样本数量。

由于工作装置中动臂和斗杆的载荷幅值大小和数量分布不均，大幅值载荷数据较为稀疏，带宽 h 应取大一点的值，小幅值载荷数据较为密集，带宽 h 应取小一点的值，即对不同的载荷区域确定不同的最优带宽。采用 Epanechnikov 核函数的最优带宽初步估计 $\hat{f}(y, z)$，根据随机数据 (y_i, z_i) 计算自适应修正系数，如式(6.49)所示。

$$\psi_i^2 = \frac{f(y_i, z_i)}{\left[\prod_{i=1}^{n} f(y_i, z_i) \right]^{-n}} \qquad (6.49)$$

通过式(6.49)和式(6.46)，可得到具有自适应带宽特性的二维 Epanechnikov 核密度估计式，如式(6.50)所示。

$$\hat{f}(y, z) = \frac{1}{n} \sum_{i=1}^{n} \left[\frac{1}{\psi_i^2 h^2} \cdot g\left(\frac{y - y_i}{\psi_i h}, \frac{z - z_i}{\psi_i h} \right) \right] \qquad (6.50)$$

不同工况的雨流矩阵无法直接线性叠加，可采用 nCode 雨流矩阵编辑技术将 3 种工况下的原始雨流矩阵合并成新的雨流矩阵，进而实现雨流矩阵的非参数外推。

6.4.3 疲劳试验载荷谱

将土方、石方和剥离工况样本斗数和雨流频次进行频次扩展至 1000 斗的目标样本，动臂和斗杆在 3 种工况下 1000 斗合成样本频次变化分别如表 6.2 和表 6.3 所示。

表 6.2 斗杆 3 种工况 1000 斗合成样本频次变化

工况	实测斗数	物料占比	扩展前频次	目标斗数	扩展系数	扩展后频次
土方	28	14%	242	140	5	1210
石方	120	60%	1864	600	5	9320
剥离	52	26%	896	260	5	4480

表 6.3　动臂 3 种工况 1000 斗合成样本频次变化

工况	实测斗数	物料占比	扩展前频次	目标斗数	扩展系数	扩展后频次
土方	28	14%	350	140	5	1750
石方	120	60%	2556	600	5	12 780
剥离	52	26%	1189	260	5	5945

分别对动臂和斗杆的 3 种作业工况下的峰谷抽取载荷数据进行雨流计数，雨流计数结果选择可叠加的 **From-To** 雨流矩阵进行存储，不同工况合成原始的 **From-To** 雨流矩阵如图 6.24 所示。不同工况合成 1000 斗目标样本的 **From-To** 雨流矩阵结果如图 6.25 所示。

(a) 动臂

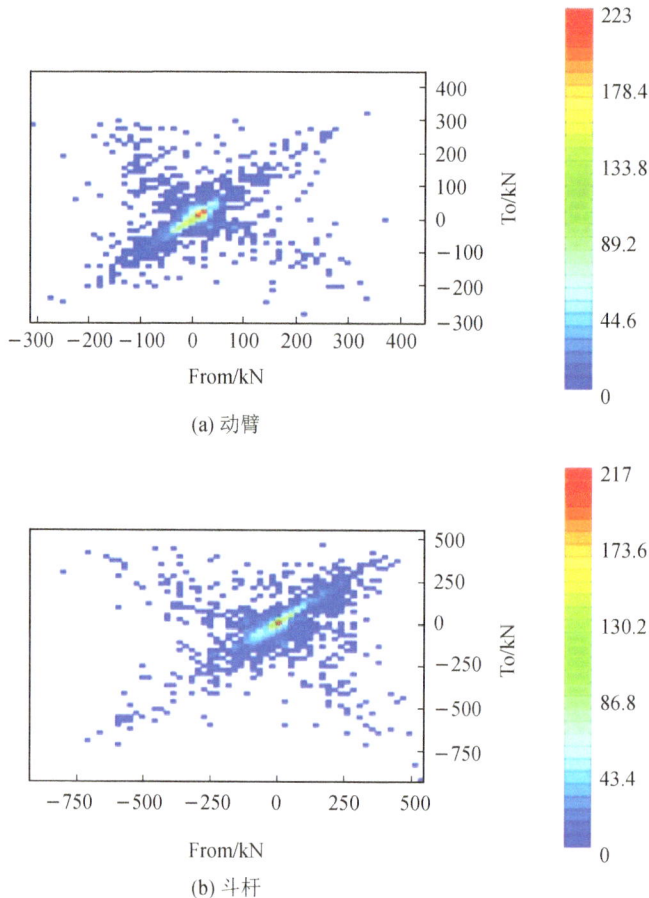

(b) 斗杆

图 6.24　不同工况合成原始的 From-To 雨流矩阵

合成目标样本数据中斗杆和动臂载荷总频次分别为 15 010 和 20 475，进行自适应 Epanechnikov 核函数构造与外推，在 nCode 中将挖掘机工作装置载荷外推至总频次为 10^6 的外推倍数分别为 66.62 和 48.84。

(a) 动臂

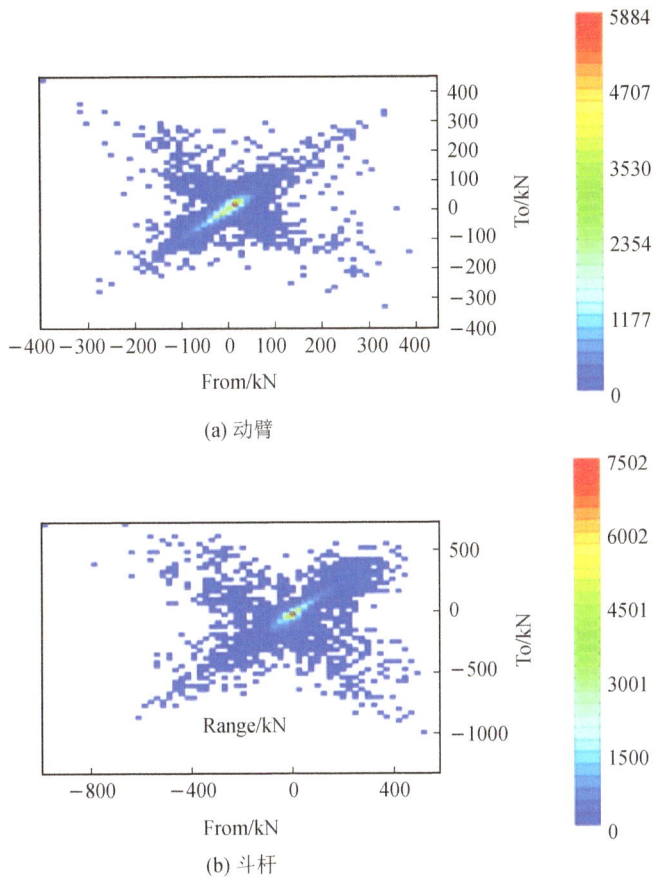

(b) 斗杆

图 6.25　不同工况合成 1000 斗目标样本 From-To 雨流矩阵结果

对 **Rang-Mean** 雨流矩阵中幅值按比值系数 1、0.95、0.85、0.725、0.575、0.425、0.275、0.125 分为 8 级，均值按等间距分为 8 级，斗杆和动臂非参数法外推编制的二维载荷谱分别如表 6.4 和表 6.5 所示。

表 6.4　斗杆非参数法外推编制的二维载荷谱

		载荷幅值/kN							
		46.25	101.75	157.25	212.75	268.25	314.5	351.5	370
载荷均值/kN	181	13 938	2270	0	0	0	0	0	0
	146	24 415	5738	155	0	0	0	0	0
	111	27 089	16 462	6813	0	504	1131	1310	0
	76	74 308	38 776	18 928	17 418	21 230	3734	4779	16 601
	41	124 690	31 505	33 522	33 354	14 323	2512	0	0
	6	243 080	65 894	22 669	10 401	984	0	0	0
	28	61 745	21 213	5726	1185	0	0	0	0
	−63	18 280	11 409	0	0	0	0	0	0

表 6.5　动臂非参数法外推编制的二维载荷谱

		载荷幅值/kN							
		68.125	149.875	231.63	313.38	395.13	463.25	517.75	545
载荷均值/kN	469	7751	9117	1122	0	0	0	0	0
	395	19 610	10 750	5579	1224	0	0	0	0
	321	20 362	18 345	10 446	4765	3671	34	0	0
	247	26 547	33 527	16 971	9908	5869	799	2238	0
	173	49 834	34 292	28 601	7021	13 014	14 478	6308	3396
	99	139 574	65 556	11 000	13 788	30 145	5275	0	0
	25	247 263	40 735	9533	4802	273	0	0	0
	−49	33 219	7191	0	0	0	0	0	0

表 6.4 和表 6.5 中的均值和幅值二维载荷谱的均值等级 $v=8$，幅值等级 $u=8$，各级幅值不变，第 u 级幅值对应的均值按式(6.51)计算。

$$M_u = \frac{\sum_{v=1}^{8} M_v n_{uv}}{\sum_{v=1}^{8} n_{uv}} \tag{6.51}$$

第 u 级幅值对应的频次按式(6.52)计算。

$$n_u = \sum_{v=1}^{8} n_{uv} \tag{6.52}$$

将表 6.4 和表 6.5 中的数值按照式(6.51)和式(6.52)计算，可得到挖掘机斗杆和动臂的变均值一维载荷谱，如表 6.6 和表 6.7 所示。

表 6.6　挖掘机斗杆变均值一维载荷谱

级数	幅值/kN	级均值/kN	各级频次	级最大值/kN	级最小值/kN
1	46.25	31.37	587 545	54.50	8.25
2	101.75	33.10	193 267	83.98	−17.78
3	157.25	40.63	87 813	119.26	−38.00
4	212.75	43.63	62 358	150.01	−62.75
5	268.25	61.08	37 041	195.21	−73.05
6	314.50	69.45	7377	226.70	−87.80
7	351.50	83.53	6089	259.28	−92.22
8	370.00	76.00	16 601	261.00	−109.00

表 6.7　挖掘机动臂变均值一维载荷谱

级数	幅值/kN	级均值/kN	各级频次	级最大值/kN	级最小值/kN
1	68.13	94.58	544 160	128.64	60.52
2	149.88	163.00	219 513	237.94	88.06
3	231.63	198.80	83 252	314.61	82.99
4	313.38	172.50	41 508	329.19	15.81
5	395.13	148.58	52 972	346.14	−48.98
6	463.25	157.15	20 586	388.78	−74.48
7	517.75	192.38	8546	451.26	−66.50
8	545.00	173.00	3396	445.50	−99.50

按照一个作业周期平均 30 s 进行计算，斗杆和动臂合成 1000 斗样本数据，对应挖掘机连续作业时间为 30 000 s。非参数外推前实际测试数据为 8.33 h，斗杆和动臂结构的载荷外推倍数分别为 66.62 和 48.84，即表 6.6 表征挖掘机连续作业 554.94 h，表 6.7 表征挖掘机连续作业 406.84 h。

为了试验和计算统一，将斗杆和动臂载荷谱均等效为连续作业 1000 h，则斗杆和动臂的等效系数分别为 1.80 和 2.46。将表 6.6 和表 6.7 中各级频次分别乘以等效系数，挖掘机斗杆和动臂变均值一维载荷谱（等效作业 1000 h）分别如表 6.8 和表 6.9 所示。

表 6.8　挖掘机斗杆变均值一维载荷谱(等效作业 1000 h)

级数	幅值/kN	级均值/kN	各级频次	级最大值/kN	级最小值/kN
1	46.25	31.37	1 057 581	54.50	8.25
2	101.75	33.10	347 881	83.98	−17.78
3	157.25	40.63	158 063	119.26	−38.00
4	212.75	43.63	112 244	150.01	−62.75
5	268.25	61.08	66 674	195.21	−73.05
6	314.50	69.45	13 279	226.70	−87.80
7	351.50	83.53	10 960	259.28	−92.22
8	370.00	76.00	29 882	261.00	−109.00

表 6.9　挖掘机动臂变均值一维载荷谱(等效作业 1000 h)

级数	幅值/kN	级均值/kN	各级频次	级最大值/kN	级最小值/kN
1	68.13	94.58	1 338 634	128.64	60.52
2	149.88	163.00	540 002	237.94	88.06
3	231.63	198.80	204 800	314.61	82.99
4	313.38	172.50	102 110	329.19	15.81
5	395.13	148.58	130 311	346.14	−48.98
6	463.25	157.15	50 642	388.78	−74.48
7	517.75	192.38	21 023	451.26	−66.50
8	545.00	173.00	8354	445.50	−99.50

本 章 小 结

本章节提出的台架疲劳试验等效载荷的载荷谱编制方法及步骤如下:

(1)根据室内台架疲劳试验机作用方式,提出了将斗杆和动臂单独进行试验、分析及固定加载的试验方案;

(2)通过力学公式推导,计算出斗杆和动臂各铰接点的铰点力,并验证分析计算结果的正确性;

(3)根据各铰接点的铰点力,结合台架疲劳试验方案,采用弯矩平衡原理计算了试验等效载荷;

(4)采用雨流计数法与非参数估计法,借助 nCode 软件对 3 种试验工况数据进行处理,编制斗杆、动臂合成工况的等效载荷谱。

第 7 章

挖掘机工作装置焊接接头疲劳特性试验研究

挖掘机的斗杆和动臂等部件采用焊接结构制造，其疲劳设计理论与金属材料不同，母材的 S-N 曲线不能直接替代焊接接头的 S-N 曲线。虽然国际焊接学会(IIW)标准和英国 BS 7608 标准提供了焊接结构的 S-N 曲线，但忽略了焊接方法、材料及实际受力方向的影响。为获得准确的 S-N 曲线，需要分析焊接形式及受力情况，选择合适的焊接工艺和材料，设计适当的焊接接头，并通过模拟实际工况的疲劳试验获取数据，从而提高焊接结构的疲劳设计精度和可靠性。

7.1 焊接接头及试验加载方式

由于挖掘机工作装置在工作过程中受力情况十分复杂，焊缝形式多样，不可能对每种焊缝形式都进行疲劳试验，因此选择工作过程中应力较大且容易发生破坏的区域的焊缝形式进行焊接试件设计与疲劳试验。焊接试件焊缝形式选择与疲劳试验加载方案的确定分为以下几个步骤：

（1）在 SolidWorks 软件中建立斗杆和动臂的三维模型，根据 6.1 节提到的台架疲劳试验加载方案设计固定装置，并完成装配。

（2）在 ANSYS Workbench 软件中，按台架疲劳试验方案拟定的加载方式进行静力学仿真实验，对得到的斗杆、动臂应力云图进行分析，确定危险位置。

（3）分析危险位置处焊缝形式及受力特性，结合现有的疲劳试验机加载方式，完成对焊接试件与疲劳试验加载方案的设计。

在对有限元分析模型进行建模时，在易发生应力集中区域建立模拟实体角焊缝，可有效避免在进行有限元分析时模型由于截面突变而造成的应力集中，使分析模型更符合实际结构受力情况。斗杆和动臂的台架约束加载应力云图分别如图 7.1 和图 7.2 所示。

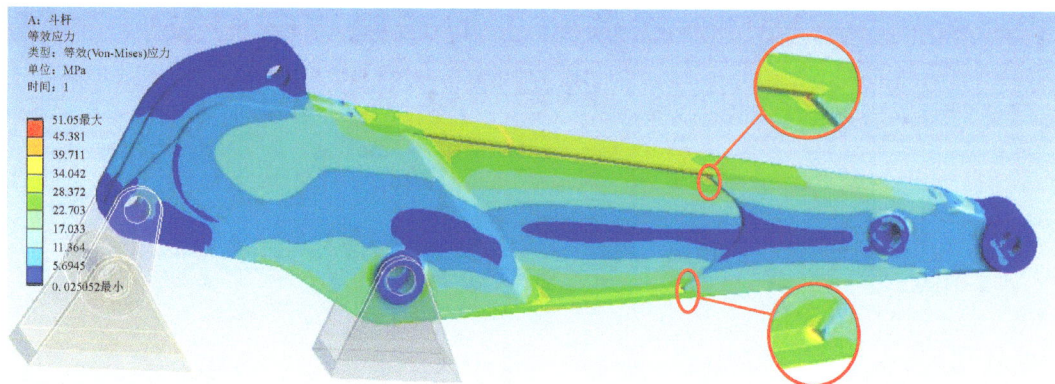

图 7.1　斗杆台架约束加载应力云图

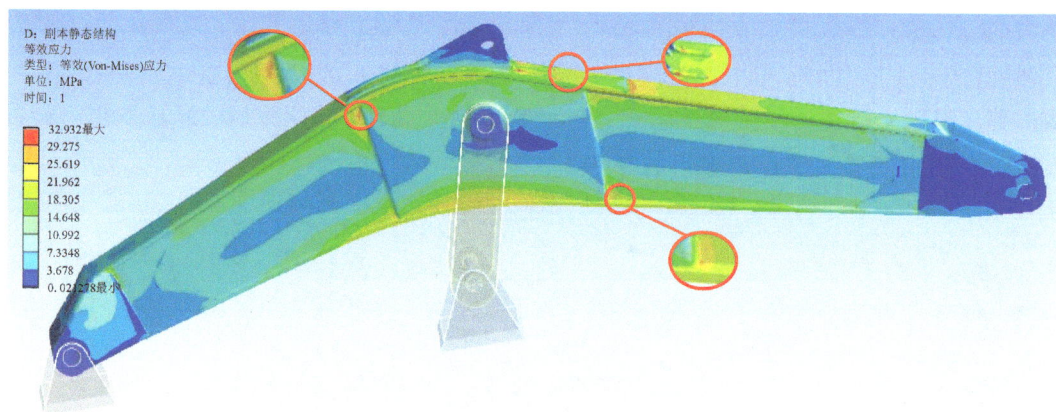

图 7.2　动臂台架约束加载应力云图

由图 7.1 和图 7.2 中的数据可知，大应力集中在箱体侧面角焊缝区域、动臂耳板根部及箱体表面区域。其中，因为动臂耳板根部圆弧区域及箱体上表面为非焊接区域，在相同应力水平下，两者的疲劳强度比焊接区域要高，所以不予考虑。动臂耳板根部与箱体连接处、斗杆及动臂侧面角焊缝处均为角焊缝区域，疲劳强度较低，且斗杆和动臂的组成钢板之间的焊缝形式为单边角焊缝，通过分析焊缝处的受力模型，可设计出 T 形接头单边焊弯曲疲劳试验所需接头形式。

焊接试件的母材选用与斗杆、动臂同种的母材 Q235，其屈服强度为 235 MPa，抗拉强度为 410 MPa。试验用的单边 T 形接头的试件从 T 形焊接钢板上直接截取，焊接试件截取尺寸和试件尺寸分别如图 7.3 和图 7.4 所示。

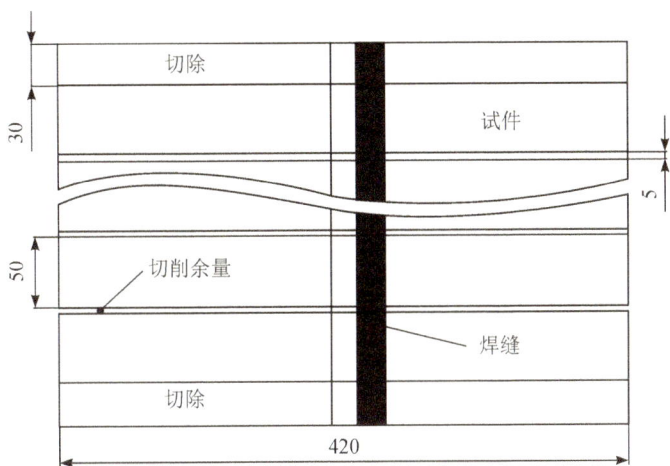

注：单位为 mm。

图 7.3　焊接试件截取尺寸示意图

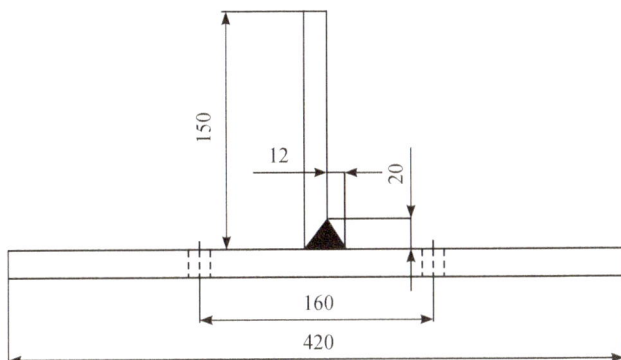

注：单位为 mm。

图 7.4　焊接试件尺寸示意图

如图 7.3 和图 7.4 所示，由于焊接试件是从焊接板上直接截取的，考虑焊接起始位置和结束位置焊接缺陷的影响，在焊接板两端分别切除 30 mm 舍弃，切削余量为 5 mm，试件宽度为 50 mm，试件长度为 420 mm，立板高度为 150 mm，焊接方法为熔化极二氧化碳气体保护焊，焊缝形式为角焊缝，焊前开坡口，焊后进行焊趾打磨。

分析焊接试件在工作装置工作过程中的承载方式，结合疲劳试验机加载方式和装夹尺寸，设计出符合加载要求的试验工装。疲劳试验加载示意图如图 7.5 所示，图中 L 为力臂。

为保证试验更贴合实际，试验设计的试件为大尺寸试件，在试件尺寸增大的同时，试验加载载荷也随之增大。为满足试验需求，试验采用了可提供较大载荷的 SDS 500 电液伺服动静试验机。试验机各项参数如表 7.1 所示，SDS 500 电液伺服动静试验机外形如图 7.6 所示。

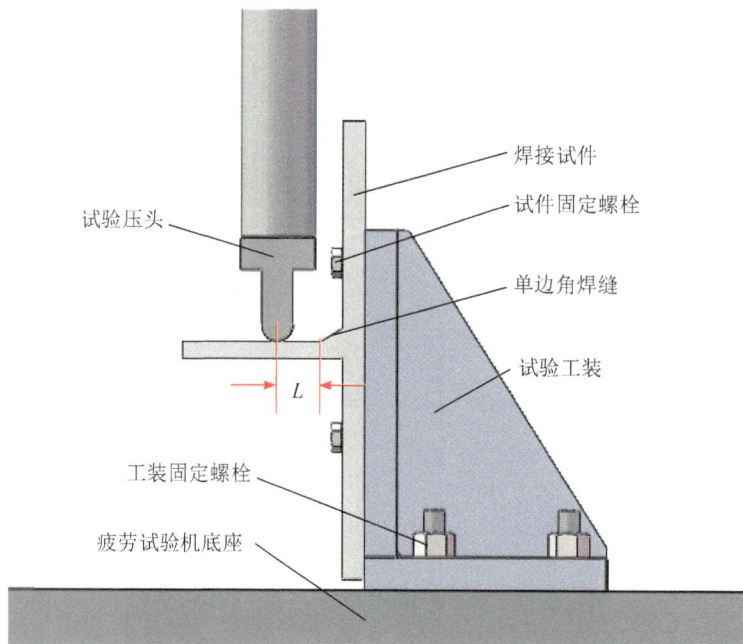

图 7.5 疲劳试验加载示意图

表 7.1 试验机参数

类　别	参　数
试验机名称	SDS 500 电液伺服动静试验机
最大静态试验力	±500 kN
最大动态试验力	±500 kN
试验频率	0.01～20 Hz

图 7.6 SDS 500 电液伺服动静试验机

7.2　弯曲疲劳试验方案

　　应力比和应力水平是疲劳试验最重要的两个参数。在焊接结构中，焊缝焊趾处的残余应力较大，已经达到了材料的屈服强度，这就导致了不管应力比如何，应力水平总是从屈服点向下摆动，故不同的应力比对焊接结构疲劳试验来说区别较小。疲劳试验应力水平可参照公开文献中类似特性的材料焊接接头疲劳试验数据进行选取，拟定预试验应力水平，完成预试验，根据预试验结果再调整试验的应力水平。

　　这里将弯曲疲劳试验应力比选为 0.3，并在室温下进行试验。焊接试件在试验前已经过焊缝打磨及磁粉探伤，满足焊接接头质量评定标准，从试件中选取 21 个焊接试件进行疲劳试验，获取焊接试件的 S-N 曲线。拟定的试验应力水平及试件个数如表 7.2 所示，多余试件备用。

表 7.2　试验应力水平及试件个数

应力水平/MPa	210	185	160	140	120
试件个数	1	1	6	1	6

　　疲劳试验结果具有离散性，即使在相同应力水平下试验，疲劳寿命结果也会有较大的浮动，在低应力水平下该现象尤为显著。本章通过成组试验来减小疲劳寿命浮动带来的影响，考虑试验成本，选择分别在 160 MPa 和 120 MPa 进行成组试验，其余应力级采用单点疲劳试验。

　　悬臂梁弯曲应力计算公式如式(7.1)所示。

$$\sigma = \frac{6F_a L}{bh^2} \tag{7.1}$$

式中：b 为试件的宽度；h 为试件的厚度；L 为力臂；F_a 为载荷幅值；σ 为应力水平。

　　试验时需要输入载荷最大值 F_{max} 和载荷最小值 F_{min}，结合应力比 $r=0.3$，可计算出载荷幅值 F_a 和载荷均值 F_m，载荷幅值和载荷均值可通过式(7.2)、式(7.3)和式(7.4)计算获得。

$$r = \frac{F_{min}}{F_{max}} \tag{7.2}$$

$$F_a = \frac{F_{max} - F_{min}}{2} \tag{7.3}$$

$$F_m = \frac{F_{max} + F_{min}}{2} \tag{7.4}$$

式中：F_{max} 为最大载荷；F_{min} 为最小载荷。

由于试件在截取时存在加工误差，因此疲劳试验的试件尺寸需要经过重新测量后再进行疲劳试验。根据测量结果结合试验加载应力水平，计算出载荷幅值和载荷中值（即载荷均值），输入试验机进行疲劳仿真实验。试验机控制面板如图 7.7 所示。

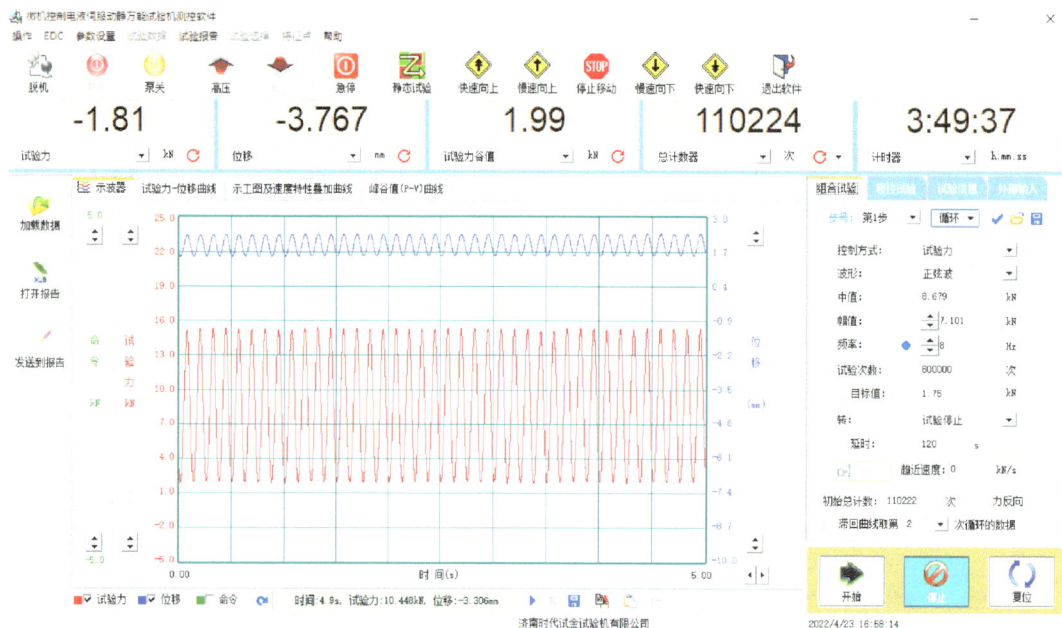

图 7.7　试验机控制面板

在进行疲劳仿真实验时，需要输入的参数包括幅值、中值、频率和试验次数等，为避免加载过程中的突发状况，还应根据加载变形量调整保护设置参数。

7.3　疲劳试验拟合 S-N 曲线

7.3.1　疲劳试验过程

试验开始时需取一个试件进行预试验，以判断拟定的试验水平是否满足试验要求，疲劳寿命是否在预期范围内。在试验开始时，根据试样静强度的试验情况以及在试验机夹具不发生干涉的情况下选择弯曲试验力臂为 40 mm 进行试验；选择应力水平为 185 MPa，加载频率改为 8 Hz。当循环次数为 40 956 次时发生疲劳断裂，断裂图片如图 7.8 所示。

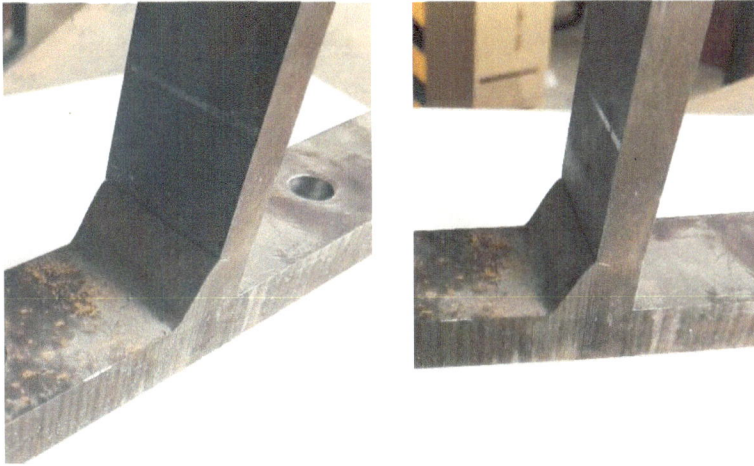

图 7.8　185 MPa 应力水平焊接接头疲劳断裂图片

从图 7.8 中可看出，试件已产生了明显的疲劳裂纹，疲劳断口位置在焊趾处，符合焊接结构疲劳断裂规则，试验结果有效。疲劳寿命在预期范围内，说明拟定试验方案的应力水平满足要求。

在 185 MPa 应力水平疲劳试验结束后，再在不同应力水平进行单点疲劳试验。先后完成 210 MPa、160 MPa 应力水平单点疲劳试验。做完 160 MPa 应力水平试验后，试件固定螺栓绞死在螺栓口，在拧下螺栓拆卸试件时，工装位置发生了变动，必须重新固定试验工装，再进行 140 MPa 应力水平疲劳试验。完成 140 MPa 应力水平疲劳试验后，在修正断裂位置应力时发现应力结果偏大，为 149 MPa。查找造成误差的原因时发现，试验工装在重新固定时试验力臂发生了变动，由 40 mm 变为了 43 mm，导致修正后应力结果偏大；这种情况对整体试验不会产生影响，修正后的试验结果是有效的。

根据试验工装变动后的试验悬臂梁力臂，重新计算 120 MPa 应力水平下的载荷加载幅值和均值，进行单点疲劳试验。实际疲劳断裂位置单点疲劳试验数据双对数散点图如图 7.9 所示。

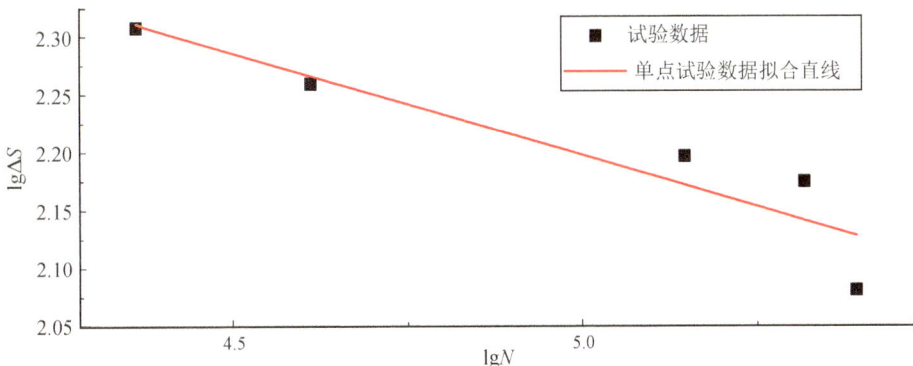

图 7.9　实际疲劳断裂位置单点疲劳试验数据双对数散点图

通过图 7.9 中单点试验结果发现，疲劳寿命数据虽有浮动，但基本处于一条直线附近，可通过成组疲劳试验进一步提高曲线拟合的精度。成组试验选择在 160 MPa 应力水平和 120 MPa 应力水平下进行，试件数不少于 6 个；单点试验已完成该应力水平下一个试件的疲劳试验，所以，分别在 160 MPa 应力水平和 120 MPa 应力水平补充 5 个试件，完成成组疲劳试验。试验加载频率与单点疲劳试验相同，选用 8 Hz 加载频率，试验力臂为 43 mm。

7.3.2 疲劳试验结果

根据 7.3.1 节疲劳试验过程按照疲劳断裂一般发生在焊趾处的疲劳破坏原则，通过尺寸测量完成危险位置处外载荷的计算，得出的危险位置处的疲劳试验数据如表 7.3 所示。

表 7.3 危险位置处的疲劳试验数据

试验编号	厚度 /mm	宽度 /mm	应力幅值 ΔS/MPa	载荷幅值 /kN	载荷中值 /kN	试验力臂 /mm	加载频率 / Hz	疲劳寿命 /次
1	15.64	50.00	210	10.701	13.079	40	8	23 025
2	15.68	49.93	185	9.463	11.567	40	8	40 956
3-1	15.83	49.94	160	8.343	10.197	40	8	140 017
3-2	15.67	49.91	160	7.600	9.290	43	8	57 056
3-3	15.63	50.01	160	7.577	9.261	43	8	78 344
3-4	15.76	49.89	160	7.687	9.395	43	8	96 167
3-5	15.81	50.05	160	7.758	9.482	43	8	92 374
3-6	15.71	49.98	160	7.650	9.350	43	8	94 003
4	15.88	49.75	140	7.318	8.943	40	8	208 768
5-1	15.90	49.88	120	5.865	7.167	43	8	247 907
5-2	15.67	49.91	120	5.700	6.967	43	8	315 668
5-3	15.83	49.87	120	5.812	7.104	43	8	365 067
5-4	15.76	49.85	120	5.759	7.039	43	8	523 405
5-5	15.63	50.06	120	5.688	6.952	43	8	388 060
5-6	15.68	49.89	120	5.705	6.973	43	8	287 564

在疲劳试验中，由于设备故障调整了一次试验工装，造成了试验力臂的变动，经过数据修正后不会对试验结果造成影响。由于实际断裂力臂和危险位置力臂往往有一定的区别，所以造成断裂位置所受的载荷和计算载荷有一定的误差，但是疲劳试验时施加的载荷是准确的。在试验完成后根据实际断裂力臂和疲劳试验机施加的载荷数据，重新计算断裂位置处的应力幅值，得出的实际断裂位置处的应力结果如表 7.4 所示。

表 7.4　实际断裂位置处的应力结果

试验编号	厚度/mm	宽度/mm	载荷幅值/kN	载荷中值/kN	断裂力臂/mm	应力幅值 ΔS/MPa	对数应力	疲劳寿命/次	对数寿命
1	15.64	50.00	10.701	13.079	38.66	202.95	2.3074	23 025	4.3622
2	15.68	49.93	9.463	11.567	39.26	181.58	2.2591	40 956	4.6123
3-1	15.83	49.94	8.343	10.197	39.28	157.12	2.1962	140 017	5.1462
3-2	15.67	49.91	7.600	9.290	42.53	158.25	2.1993	57 056	4.7563
3-3	15.63	50.01	7.577	9.261	43.28	161.05	2.2070	78 344	4.8940
3-4	15.76	49.89	7.687	9.395	42.50	158.19	2.1992	96 167	4.9830
3-5	15.81	50.05	7.758	9.482	41.78	155.45	2.1916	92 374	4.9655
3-6	15.71	49.98	7.650	9.350	41.12	153.01	2.1847	94 003	4.9731
4	15.88	49.75	7.318	8.943	42.70	149.44	2.1745	208 768	5.3197
5-1	15.90	49.88	5.865	7.167	43.14	120.39	2.0806	247 907	5.3943
5-2	15.67	49.91	5.7	6.967	42.79	119.41	2.0770	315 668	5.4992
5-3	15.83	49.87	5.812	7.104	42.82	119.49	2.0773	365 067	5.5624
5-4	15.76	49.85	5.759	7.039	42.86	119.61	2.0778	523 405	5.7188
5-5	15.63	50.06	5.688	6.952	43.40	121.11	2.0832	388 060	5.5889
5-6	15.68	49.89	5.705	6.973	42.87	119.63	2.0778	287 564	5.4587

表 7.4 所示为所有试件在实际断裂位置处的疲劳试验数据，不同应力水平下的对数寿命散点图如图 7.10 所示。其中，成组试验的应力水平取平均值，第 3 应力水平取平均值 157.18 MPa，第 5 应力水平取平均值 119.94 MPa。

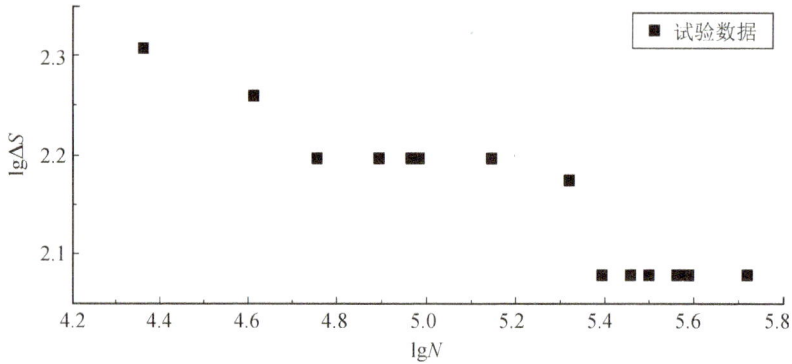

图 7.10　不同应力水平下的对数寿命散点图

疲劳破坏的试件及部分试件疲劳裂纹如图 7.11 所示。

图 7.11　疲劳破坏的试件及部分试件疲劳裂纹

7.3.3　最小二乘法

工程中若没有特别指出存活率的 S-N 曲线，则其默认存活率为 50%。在威布尔分布法、最小二乘法和极大似然法等 S-N 曲线数据拟合方法中，最小二乘法在存活率为 50% 的 S-N 曲线拟合方法中应用最为广泛。

最小二乘法是一种通过最小化数据点到拟合函数的距离平方和来寻找最佳拟合函数的方法。最小二乘法的基本概念如下：

对于已知的二维数据点 (x_i, y_i)，$1 \leqslant i \leqslant N$，用 n 阶多项式进行拟合，如式（7.5）所示。

$$f(x) = b_0 + b_1 x + b_2 x^2 + \cdots = \sum_{k=0}^{n} b_k x^k \tag{7.5}$$

残差可反映拟合多项式与实际数据的误差，用来判断拟合的多项式是否符合要求，残差计算公式如式(7.6)所示。

$$|\delta_i| = |f(x_i) - y_i| \tag{7.6}$$

残差值越小，说明拟合的多项式越贴近数据点。对于一组数据，令残差的平方和最小，可达到拟合多项式最能反映数据点变化趋势的目的。残差平方和计算公式如式(7.7)所示。

$$S_\delta = \sum_{i=1}^{N} (\delta_i)^2 = \sum_{i=1}^{N} [f(x_i) - y_i]^2 \tag{7.7}$$

这种数据拟合方法就叫作最小二乘法。最小二乘法的几何意义就是寻找实际数据点与通过拟合曲线计算的数据点距离平方和为最小的曲线 $y = f(x)$，$f(x)$ 中的系数 b_k 的确定可利用当偏差平方和最小时，关于 b_k 的一阶导数为零，列出方程组，并利用 Cramer 法则解方程，计算出各系数 b_k，得到相似方程。

当函数 $f(x)$ 为一次函数时，式(7.5)的表达式可变成式(7.8)。

$$f(x) = b_0 + b_1 x \tag{7.8}$$

由线性回归可解得系数 b_0、b_1，如式(7.9)所示。

$$\begin{cases} b_1 = \dfrac{\overline{xy} - \bar{x} \cdot \bar{y}}{\overline{x^2} - \bar{x}^2} \\ b_0 = \bar{y} - b_1 \bar{x} \end{cases} \tag{7.9}$$

总之，利用最小二乘法拟合已知点的数据曲线，就是使借助曲线推导出的数据与实际数据之间误差的平方和最小。

7.3.4　拟合 S-N 曲线

7.3.2 节和 7.3.3 节讲述了疲劳试验的结果及最小二乘法数据拟合原理，本节借助数据分析软件，可得到双对数坐标系下 S-N 曲线的线性拟合数据曲线，如图 7.12 所示。

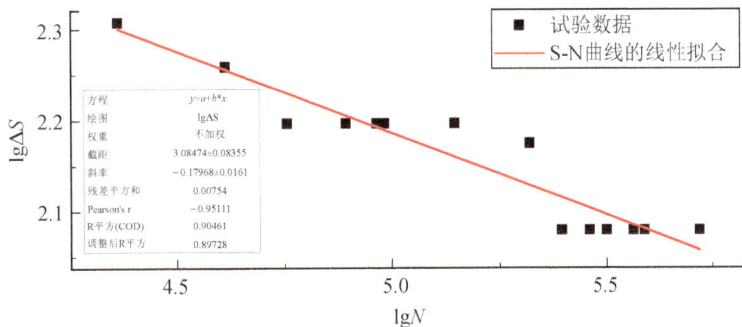

图 7.12　双对数坐标系下 S-N 曲线的线性拟合数据曲线

采用线性拟合的方法，得到焊接试件的双对数 S-N 曲线的线性拟合方程，如式 (7.10)所示。

$$3.084\ 74 - 0.179\ 68\ \lg N = \lg \Delta S \tag{7.10}$$

在图 7.12 中，方程中的系数 a 和 b 的拟合标准精度 R^2 分别为 0.9992 和 0.9998。

转换坐标关系，可获得 $\lg \Delta S$-$\lg N$ 线性方程，如式(7.11)所示。

$$\lg N = 17.167\ 97 - 5.565\ 45\ \lg \Delta S \tag{7.11}$$

根据试验拟合数据结果可知，当焊接接头寿命为 10^7 时，疲劳极限大约为 67 MPa。

本 章 小 结

本章确定了挖掘机工作装置焊接接头疲劳试验所用的接头形式和试验工装，并进行了弯曲疲劳试验；通过疲劳试验测得了不同应力水平焊接接头的疲劳寿命，采用最小二乘法拟合了失效概率为 50% 的 S-N 曲线，为工作装置疲劳寿命评估工作提供了数据基础。

第 8 章

基于载荷谱的挖掘机工作装置疲劳寿命评估

8.1 金属结构疲劳寿命评估理论

8.1.1 疲劳破坏和疲劳寿命

从强度的角度，金属零部件的破坏形式可分为静强度破坏与疲劳破坏。静强度破坏是指金属零部件在大于屈服强度的静载荷作用下发生的塑性变形及断裂。疲劳破坏是指金属零部件在小于材料屈服强度的动载荷下发生的断裂及开裂。机械结构关键零部件在工作过程中由于振动及循环作业的影响，大多承受着动载荷，在进行产品设计时，不仅要关心静强度是否达到要求，还需要在静强度满足要求的基础上进行疲劳强度评估，判断是否满足设计需求。只有将静强度设计和疲劳评估相结合，才能构成完整的强度评估体系。

疲劳寿命是指金属材料在动载荷作用下发生破坏所作用的次数或时间。金属材料疲劳破坏可分为裂纹萌生、裂纹扩展和失稳断裂 3 个阶段。在加工过程中金属材料的表面缺陷是不可避免的，在动载荷作用下，表面缺陷会发生滑移，出现滑移线；随着动载荷继续作用，滑移线形成滑移带，进而形成疲劳微裂纹；微裂纹继续扩展形成宏观裂纹，这个过程就是裂纹萌生。萌生后的裂纹将会在动载荷作用下于一定时期内稳定扩展，到达一定程度后就会发生疲劳断裂。在定义疲劳寿命时，焊接结构与金属材料母材疲劳寿命有所区别，金属材料母材的疲劳寿命是构件疲劳裂纹萌生和扩展寿命之和，而焊接结构的疲劳寿命几乎不包含裂纹萌生阶段的疲劳寿命。这是由焊接接头材料的非均质特性、几何不连续性和具有残余应力 3 个特点导致的。

目前工程中广泛使用的疲劳寿命评估方法为基于应力的疲劳理论与寿命预测方法，即 S-N 曲线法。金属材料母材应力-寿命曲线即 S-N 曲线描述了应力水平 S 与发生疲劳破坏时该应力水平循环作用次数 N 之间的关系，常被用来评估金属材料的疲劳强度和疲劳寿命。焊接结构的 S-N 曲线与母材的 S-N 曲线略有不同，前者描述的是应力幅值 ΔS 与发生疲劳破坏时该应力循环作用次数 N 之间的关系，如式(8.1)所示。

$$\Delta S^m N = C \tag{8.1}$$

式中：m 和 C 为与材料、载荷施加方式等因素相关的常数。

式(8.1)的对数形式如式(8.2)所示。

$$\lg N = \lg C - m \lg \Delta S \tag{8.2}$$

由于挖掘机工作装置的工作载荷为随机载荷，与 S-N 曲线的寿命计算方式有所不同，因此无法直接评估随机载荷作用下的疲劳寿命。针对此问题，本书提出了疲劳累积损伤理论的概念，用以评估变载荷作用下材料的疲劳寿命。

8.1.2 Miner 线性疲劳累积损伤理论

疲劳累积损伤理论是指当金属材料或零件承受高于疲劳极限的应力时，每次载荷循环都会对材料造成损伤，最终达到临界值，发生疲劳破坏。针对疲劳损伤的不同累积方法，国内外学者提出了多种理论与模型，可分为线性疲劳累积损伤和非线性疲劳累积损伤两类。非线性疲劳累积损伤考虑了不同应力之间相互作用的影响，理论上可提高计算精度，但应用较为困难。

在线性疲劳累积损伤理论中，Miner 线性疲劳累积损伤理论得到了广泛的应用。该理论认为，构件在应力水平 S_i 下循环加载 n_i 次，其疲劳累积损伤计算公式如式(8.3)所示。如果在 k 个应力水平 S_i 作用下，各应力水平循环加载 n_i 次，则可定义其总疲劳累积损伤如式(8.4)所示。

$$D_i = \frac{n_i}{N_i} \tag{8.3}$$

$$D = \sum_{i=1}^{k} D_i = \sum_{i=1}^{k} \frac{n_i}{N_i} \quad (i = 1, 2, \cdots, k) \tag{8.4}$$

在进行疲劳寿命评估时，当总疲劳累积损伤 $D < 1$ 时，认为构件是安全的；当总疲劳累积损伤 $D > 1$ 时，认为构件将发生疲劳破坏。

8.2　焊接结构疲劳评定标准

8.2.1　BS 7608 标准

BS 7608：2014＋A1：2015 的全称是 Guide to Fatigue Design and Assessment of Steel Products，它是英国《钢结构抗疲劳设计和评估指南》的最新版本(简称 BS 7608)。BS 7608 标准针对焊接结构进行了深入研究，证明了焊接结构的疲劳试验数据与材料的屈服强度没有关系，并给出了一批分级且考虑了残余应力影响的 S-N 曲线数据，针对焊后应力集中还提出了焊趾改善技术。BS 7608 标准按照焊接接头细部结构、承载方式和加工要求，把 S-N 曲线划分为 B、C、D、E、F、F2、G、G2、W1、X、S1、S2、TJ 共13 个等级，作为疲劳损伤计算的依据。针对每一级焊接结构，BS 7608 标准给出了使用给定名义应力变化范围 S_r 计算疲劳寿命的方法，如式(8.5)所示。

$$\lg N = \lg C_0 - d\sigma - m\lg S_r \tag{8.5}$$

式中：C_0 为常数；d 为低于平均水平的标准偏差数量，考虑工程复杂性，通常采用保守方案取 $d=-2$，此时置信度 $P=97.5\%$；σ 为 $\lg N$ 的标准偏差；m 为曲线斜率。

需要注意的是，BS 7608 标准给出的 S-N 曲线是基于标准板厚 16 mm 建立的，使用时可根据板厚修正系数予以修正。BS 7608 标准中疲劳评估常用的焊接结构等级如表8.1 所示。

表 8.1　BS 7608 标准中疲劳评估常用的焊接结构等级

级别	C_0	$\lg C_0$	$\ln C_0$	m	标准偏差 σ		C_2	$S_0/\text{MPa}(N=10^7)$
					lg	ln		
F	1.726×10^{12}	12.2370	28.1770	3	0.2183	0.5027	0.63×10^{12}	40
F2	1.231×10^{12}	12.0900	27.8387	3	0.2290	0.5248	0.43×10^{12}	35

BS 7608 标准疲劳寿命评估是基于 Miner 线性疲劳累积损伤理论的，其疲劳损伤计算公式如式(8.6)所示。

$$\frac{n_i}{N_i} = \begin{cases} \dfrac{n_i}{10^7}\left(\dfrac{S_i}{S_0}\right)^m & (S_i > S_0) \\[3mm] \dfrac{n_i}{10^7}\left(\dfrac{S_i}{S_0}\right)^{m+2} & (S_i < S_0) \end{cases} \tag{8.6}$$

式中：S_0 为 S-N 曲线拐点；m 为 S-N 曲线斜率；n_i 为载荷谱中各应力水平加载次数。

8.2.2　IIW 标准

IIW 标准是国际焊接学会制定的标准。IIW 标准同样认为焊接结构的疲劳强度与结构母材的屈服强度无关，适用于屈服强度低于 960 MPa 的钢结构。基于名义应力法试验获得的 IIW 标准中的 S-N 曲线置信度默认为 95%。根据焊接接头几何形状和所施加的载荷，IIW 标准共划分了 FAT14～FAT255 共 25 个疲劳等级。

IIW 标准中土方机械疲劳评估常用的焊接结构疲劳等级如表 8.2 所示。

表 8.2　IIW 标准中土方机械疲劳评估常用的焊接结构疲劳等级

疲劳等级 FAT	疲劳寿命 $N<10^7$，$m=3$ S-N 曲线常数 C_1	拐点应力/MPa	疲劳寿命 $N>10^7$，$m=5$ S-N 曲线常数 C_2
80	1.024×10^{12}	46.8	2.245×10^{15}
71	7.158×10^{11}	41.5	1.236×10^{15}
63	5.001×10^{11}	36.9	6.800×10^{14}

结构钢焊接接头的标准 S-N 曲线应力幅值与发生疲劳破坏时该应力循环作用次数之间的关系如式(8.1)所示。其疲劳损伤计算公式如式(8.7)所示。

$$\frac{n_i}{N_i}=\begin{cases}\dfrac{n_i(\Delta S_i)^m}{C_1} & \Delta S_1\leqslant\Delta S_i \\[2mm] \dfrac{n_i(\Delta S_i)^{m+2}}{C_2} & \Delta S_2\leqslant\Delta S_i<\Delta S_1\end{cases} \tag{8.7}$$

式中：ΔS_i 为应力幅值；ΔS_1 为焊接结构 S-N 曲线拐点对应的应力值；ΔS_2 为疲劳截止极限对应的应力值；C_1 和 C_2 为常数；n_i 为载荷谱中各应力水平加载次数。

8.3　疲劳关注点的寿命评估

挖掘机工作装置结构形式多样，在工作过程中承受的载荷形式也比较复杂，对其进行寿命评估就要找到易发生疲劳破坏的疲劳关注点。根据焊接结构和应力集中区域疲劳强度相对较弱的原则，可用有限元分析法确定容易发生疲劳破坏的危险位置点。前面章节已经完成了台架疲劳试验等效载荷谱的编制，这里将采用台架疲劳试验仿真分析方案，利用外载荷与结构应力传递函数关系将斗杆和动臂的等效载荷谱转换为结构名义应力谱，从而完成疲劳关注点的损伤与寿命评估。基于载荷谱的工作装置疲劳寿命评估方法流程如图 8.1 所示。

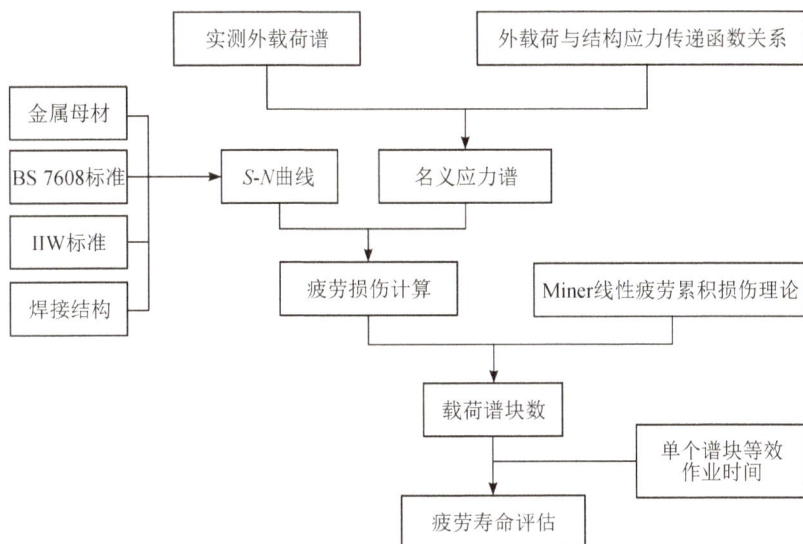

图 8.1　基于载荷谱的工作装置疲劳寿命评估方法流程

8.3.1　疲劳关注点位置的选取与结果分析

采用名义应力进行工作装置损伤计算和疲劳寿命评估时，名义应力需要通过材料力学方法计算，而工程结构的复杂性超出了材料力学计算能力范围，因此常借助有限元分析或试验测试获取。名义应力测点位置的选取应避开应力非线性变化区域，在应力线性变化区域选取；通常选择距离焊趾 2.2 倍的板厚位置，并垂直于焊缝方向的表面应力作为名义应力。工作装置细部结构名义应力确定如图 8.2 所示。

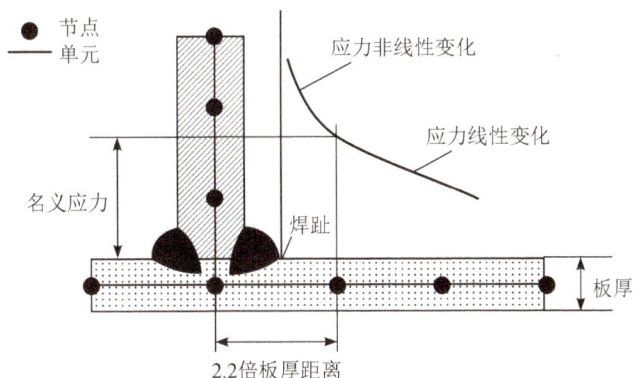

图 8.2　工作装置细部结构名义应力确定

在 ANSYS Workbench 有限元分析软件中，按照前面章节提到的台架疲劳试验进行仿真约束，将动臂和斗杆支座与地面固定，支座设为刚性体，连接关系设为转动副，在端部铰接孔施加±100 kN 的仿真实验力，斗杆和动臂疲劳关注点位置的确定仿真约束方案如图 8.3 所示。

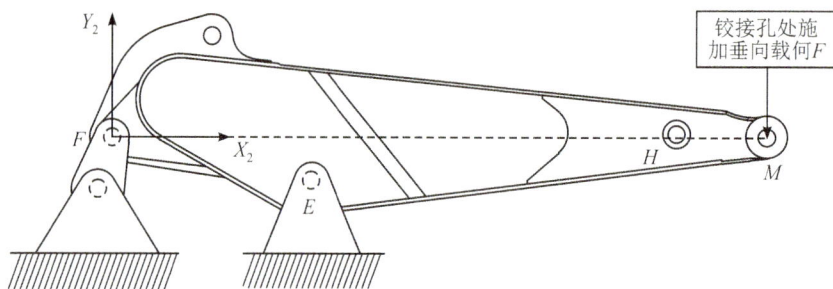

铰接孔处施加垂向载荷F

(a) 斗杆台架疲劳试验仿真约束方案

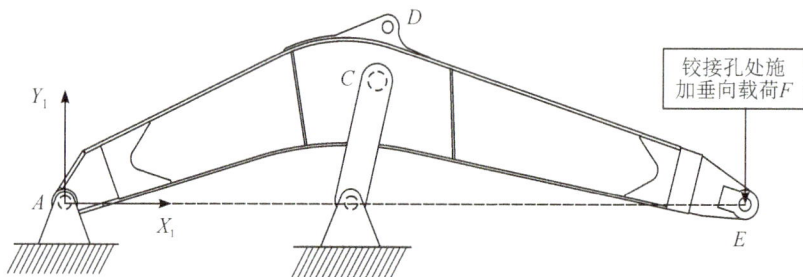

铰接孔处施加垂向载荷F

(b) 动臂台架疲劳试验仿真约束方案

图 8.3　斗杆和动臂疲劳关注点位置的确定仿真约束方案

采用有限元分析得到斗杆和动臂应力较大的区域，通过名义应力与焊趾位置关系，确定疲劳关注点位置。名义应力为疲劳关注点坐标系 X 方向的表面应力。斗杆和动臂选取的疲劳关注点位置如图 8.4 所示。

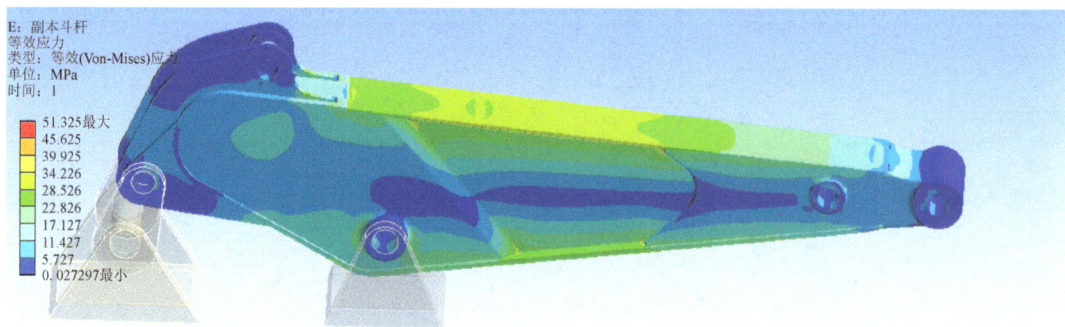

E: 副本斗杆
等效应力
类型: 等效(Von-Mises)应力
单位: MPa
时间: 1

51.325最大
45.625
39.925
34.226
28.526
22.826
17.127
11.427
5.727
0.027297最小

(a) 斗杆危险位置分析

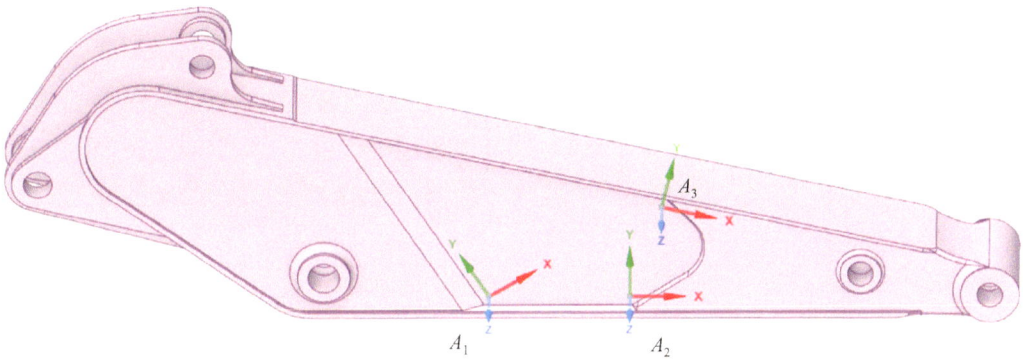

(b) 斗杆疲劳关注点位置

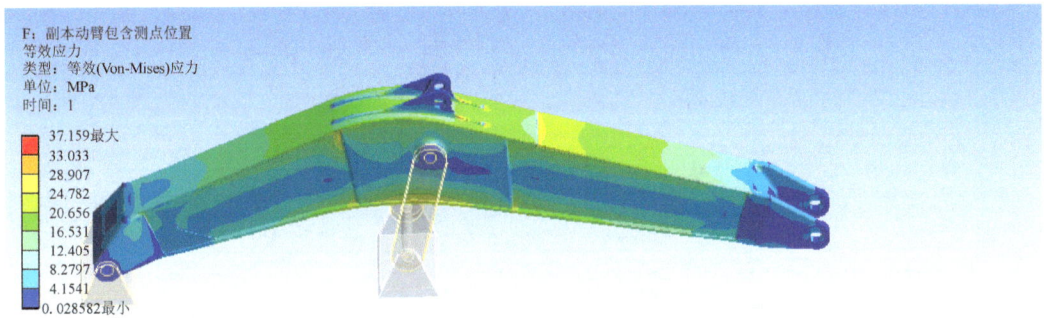

(c) 动臂危险位置分析

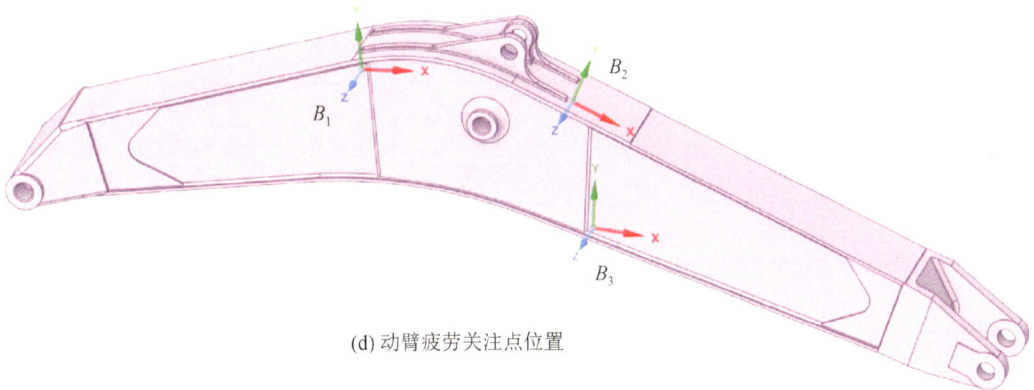

(d) 动臂疲劳关注点位置

图 8.4 斗杆和动臂选取的疲劳关注点位置

有限元分析结果表明，斗杆和动臂的应力较大区域大多集中在角焊缝处。有限元分析结果无明显的应力集中现象，分析结果有效。在确定的疲劳关注点位置插入探针，方向沿疲劳关注点坐标方向，斗杆和动臂结构疲劳关注点应力仿真结果分别如表 8.3 和表 8.4 所示，其中＋100 kN 表示向下加载，－100 kN 表示向上加载。

表 8.3　斗杆结构疲劳关注点应力仿真结果

贴片位置	应力结果/MPa		单向名义应力有效均值/MPa
	施加 +100 kN	施加 −100 kN	
A_1	X 方向：−18.825	X 方向：17.356	18.091
	Y 方向：−7.532	Y 方向：7.136	—
	等效：25.566	等效：23.814	—
A_2	X 方向：−22.474	X 方向：21.295	21.885
	Y 方向：−0.138	Y 方向：0.146	—
	等效：22.516	等效：21.300	—
A_3	X 方向：26.769	X 方向：−25.419	26.049
	Y 方向：0.668	Y 方向：−0.632	—
	等效：26.475	等效：25.123	—

表 8.4　动臂结构疲劳关注点应力仿真结果

贴片位置	应力结果/MPa		单向名义应力有效均值/MPa
	施加 +100 kN	施加 −100 kN	
B_1	X 方向：28.674	X 方向：−24.485	20.580
	Y 方向：1.452	Y 方向：−1.053	—
	等效：27.989	等效：23.989	—
B_2	X 方向：27.549	X 方向：−23.632	25.591
	Y 方向：−0.098	Y 方向：0.083	—
	等效：26.133	等效：22.338	—
B_3	X 方向：−23.579	X 方向：20.324	21.952
	Y 方向：−2.098	Y 方向：1.715	—
	等效：24.232	等效：21.153	—

在表 8.3 和表 8.4 中，单向名义应力有效均值为正反双向加载疲劳关注点名义应力绝对值的平均数。由表中数值可知，单向名义应力主要沿关注点坐标系 X 方向分布，与焊接接头疲劳试验时表面应力状态相符。

动臂和斗杆疲劳关注点的传递系数如表 8.5 所示。

表 8.5　动臂和斗杆疲劳关注点的传递系数

关注点	A_1	A_2	A_3	B_1	B_2	B_3
外载荷/kN	100	100	100	100	100	100
结构名义应力/MPa	18.091	21.885	26.049	20.580	25.591	21.952
传递系数/(MPa/kN)	0.181	0.219	0.260	0.206	0.256	0.220

8.3.2　疲劳关注点 S-N 曲线的确定

BS 7608 标准对变幅载荷作用下的寿命评估是以 $N=10^7$ 循环次数对应的应力值为拐点的，提供了 2 种斜率形式，S-N 曲线没有截止水平线，现有研究表明极小载荷的损伤量可忽略不计，因此这里对 BS 7608 标准增加截止水平线 $N=10^8$。BS 7608 标准中 S-N 曲线变化如图 8.5 所示，其中 m 取值为 3。IIW 标准中 S-N 曲线采用与 BS 7608 标准相同的截取方式。

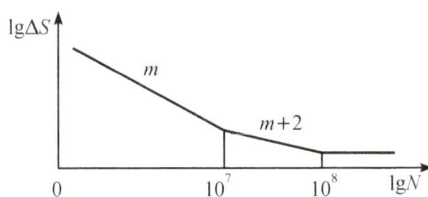

图 8.5　BS 7608 标准中 S-N 曲线变化

焊接标准中不同等级计算疲劳损伤的参数值如表 8.6 所示。

表 8.6　焊接标准中不同等级计算疲劳损伤的参数值

焊接标准	等级	C_1	ΔS_1/MPa	C_2	ΔS_2/MPa
BS 7608	F	1.726×10^{12}	55.7	1.024×10^{15}	35.1
	F2	1.231×10^{12}	49.8	5.252×10^{14}	31.4
IIW	FAT80	1.024×10^{12}	46.8	2.245×10^{15}	29.5
	FAT71	7.158×10^{11}	41.5	1.236×10^{15}	26.2
	FAT63	5.001×10^{11}	36.9	6.800×10^{14}	23.3
实测 S-N 曲线	$\lg N=17.16797-5.56545\lg\Delta S$				

8.3.4　焊接结构疲劳损伤计算

焊接结构与非焊接结构疲劳寿命评估的本质有所不同，非焊接结构采用平均应力进行寿命评估；焊接结构由于焊接残余应力的影响，采用应力幅值进行寿命评估。

焊接结构中焊趾处存在较大的残余应力，且远大于材料的屈服强度，导致焊接结构在外载荷作用下的应力总是向下波动的，应力比对疲劳寿命的影响可以忽略。针对焊接结构的疲劳寿命评估问题，国际焊接界采用了使用应力幅值进行疲劳损伤计算与寿命评估的方案。国际上，焊接标准提供的 S-N 曲线及试验获得的 S-N 曲线已包含了残余应力的影响。

挖掘机斗杆和动臂变均值一维载荷谱（等效作业 1000 h）已在前文中表 6.8 和表 6.9 给出。利用表 8.5 动臂和斗杆疲劳关注点的传递系数将斗杆和动臂的等效载荷谱转换为疲劳关注点的名义应力谱，可得到如表 8.7 所示的基于等效载荷谱的疲劳关注点损伤结果（BS 7608 标准）、表 8.8 所示的基于等效载荷谱的疲劳关注点损伤结果（IIW 标准）及如表 8.9 所示的基于等效载荷谱的疲劳关注点损伤结果（实测 S-N 曲线）。

表 8.7　基于等效载荷谱的疲劳关注点损伤结果（BS 7608 标准）

载荷谱换算应力谱（等效作业 1000 h）								
A_1	8.37	18.42	28.46	38.51	48.55	56.92	63.62	66.97
频次	105 758 1	347 881	158 063	112 244	66 674	13 279	10 960	29 882
F 级损伤				0.0093	0.0176	0.0014	0.0016	0.0052
F2 级损伤				0.0181	0.0343	0.0020	0.0023	0.0073
A_2	10.13	22.28	34.44	46.59	58.75	68.88	76.98	81.03
频次	1 057 581	347 881	158 063	112 244	66 674	13 279	10 960	29 882
F 级损伤				0.0241	0.0078	0.0025	0.0029	0.0092
F2 级损伤			0.0146	0.0469	0.0110	0.0035	0.0041	0.0129
A_3	12.03	26.46	40.89	55.32	69.75	81.77	91.39	96.20
频次	1 057 581	347 881	158 063	112 244	66 674	13 279	10 960	29 882
F 级损伤				0.0176	0.0568	0.0131	0.0042	0.0048	0.0154
F2 级损伤			0.0344	0.0154	0.0184	0.0059	0.0068	0.0216
B_1	14.03	30.87	47.72	64.56	81.40	95.43	106.66	112.27
频次	1 338 634	540 002	204 800	102 110	130 311	50 642	21 023	8354
F 级损伤	—		0.0495	0.0159	0.0407	0.0255	0.0148	0.0068
F2 级损伤			0.0965	0.0223	0.0571	0.0358	0.0207	0.0096

载荷谱换算应力谱（等效作业 1000 h）							
B_2	17.44	38.37	59.30	80.23	101.15	118.59	132.54	139.52
频次	1 338 634	540 002	204 800	102 110	130 311	50 642	21 023	8354
F 级损伤	—	0.0438	0.0247	0.0305	0.0781	0.0489	0.0284	0.0131
F2 级损伤	—	0.0855	0.0347	0.0428	0.1096	0.0686	0.0398	0.0184
B_3	14.99	32.97	50.96	68.94	86.93	101.92	113.91	119.90
频次	1 338 634	540 002	204 800	102 110	130 311	50 642	21 023	8354
F 级损伤	—	0.0687	0.0194	0.0496	0.0311	0.0180	0.0083
F2 级损伤	—	0.0401	0.0220	0.0272	0.0695	0.0435	0.0252	0.0117

表 8.8　基于等效载荷谱的疲劳关注点损伤结果（IIW 标准）

载荷谱换算应力谱（等效作业 1000 h）							
A_1	8.37	18.42	28.46	38.51	48.55	56.92	63.62	66.97
频次	1 057 581	347 881	158 063	112 244	66 674	13 279	10 960	29 882
FAT80 级损伤	—	—	—	0.0042	0.0075	0.0024	0.0028	0.0088
FAT71 级损伤	—	—	0.0024	0.0077	0.0107	0.0034	0.0039	0.0125
FAT63 级损伤	—	—	0.0043	0.0128	0.0153	0.0049	0.0056	0.0179
A_2	10.13	22.28	34.44	46.59	58.75	68.88	76.98	81.03
频次	1 057 581	347 881	158 063	112 244	66 674	13 279	10 960	29 882
FAT80 级损伤	—	—	0.0034	0.0110	0.0132	0.0042	0.0049	0.0155
FAT71 级损伤	—	—	0.0062	0.0159	0.0189	0.0061	0.0070	0.0222
FAT63 级损伤	—	—	0.0113	0.0227	0.0270	0.0087	0.0100	0.0318
A_3	12.03	26.46	40.89	55.32	69.75	81.77	91.39	96.20
频次	1 057 581	347 881	158 063	112 244	66 674	13 279	10 960	29 882
FAT80 级损伤	—	—	0.0080	0.0186	0.0221	0.0071	0.0082	0.0260
FAT71 级损伤	—	0.0036	0.0146	0.0265	0.0316	0.0101	0.0117	0.0372
FAT63 级损伤	—	0.0066	0.0216	0.0380	0.0452	0.0145	0.0167	0.0532

载荷谱换算应力谱(等效作业 1000 h)								
B_1	14.03	30.87	47.72	64.56	81.40	95.43	106.66	112.27
频次	1 338 634	540 002	204 800	102 110	130 311	50 642	21 023	8354
FAT80 级损伤	—	0.0067	0.0217	0.0268	0.0686	0.0430	0.0249	0.0115
FAT71 级损伤	—	0.0123	0.0311	0.0384	0.0982	0.0615	0.0356	0.0165
FAT63 级损伤	—	0.0223	0.0445	0.0549	0.1405	0.0880	0.0510	0.0236
B_2	17.44	38.37	59.30	80.23	101.15	118.59	132.54	139.52
频次	1338634	540002	204800	102110	130311	50642	21023	8354
FAT80 级损伤	—	0.0200	0.0417	0.0515	0.1317	0.0825	0.0478	0.0222
FAT71 级损伤	—	0.0363	0.0597	0.0737	0.1884	0.1180	0.0684	0.0317
FAT63 级损伤	—	0.0610	0.0854	0.1054	0.2697	0.1689	0.0979	0.0454
B_3	14.99	32.97	50.96	68.94	86.93	101.92	113.91	119.90
频次	1 338 634	540 002	204 800	102 110	130 311	50 642	21 023	8354
FAT80 级损伤	—	0.0094	0.0265	0.0327	0.0836	0.0524	0.0303	0.0141
FAT71 级损伤	—	0.0170	0.0379	0.0467	0.1196	0.0749	0.0434	0.0201
FAT63 级损伤	—	0.0309	0.0542	0.0669	0.1712	0.1072	0.0621	0.0288

表 8.9 基于等效载荷谱的疲劳关注点损伤结果(实测 S-N 曲线)

载荷谱换算应力谱(等效作业 1000 h)								
A_1	8.37	18.42	28.46	38.51	48.55	56.92	63.62	66.97
频次	1 057 581	347 881	158 063	112 244	66 674	13 279	10 960	29 882
实测 S-N 曲线	—	—	—	—	0.0028	0.0012	0.0017	0.0058
A_2	10.13	22.28	34.44	46.59	58.75	68.88	76.98	81.03
频次	1 057 581	347 881	158 063	112 244	66 674	13 279	10 960	29 882
实测 S-N 曲线	—	—	—	0.0038	0.0069	0.0030	0.0042	0.0146
A_3	12.03	26.46	40.89	55.32	69.75	81.77	91.39	96.20
频次	1 057 581	347 881	158 063	112 244	66 674	13 279	10 960	29 882
实测 S-N 曲线	—	—	—	0.0087	0.0158	0.0068	0.0096	0.0334

载荷谱换算应力谱(等效作业 1000 h)								
B_1	14.03	30.87	47.72	64.56	81.40	95.43	106.66	112.27
频次	1 338 634	540 002	204 800	102 110	130 311	50 642	21 023	8354
实测 S-N 曲线	—	—	0.0078	0.0167	0.0651	0.0544	0.0386	0.0196
B_2	17.44	38.37	59.30	80.23	101.15	118.59	132.54	139.52
频次	1 338 634	540 002	204 800	102 110	130 311	50 642	21 023	8354
实测 S-N 曲线	—	—	0.0222	0.0476	0.1853	0.1549	0.1099	0.0559
B_3	14.99	32.97	50.96	68.94	86.93	101.92	113.91	119.90
频次	1 338 634	540 002	204 800	102 110	130 311	50 642	21 023	8354
实测 S-N 曲线	—	—	0.0107	0.0229	0.0893	0.0747	0.0530	0.0269

将表 8.7、表 8.8 和表 8.9 中两种标准及实测 S-N 曲线计算的 1000 h 焊接疲劳关注点损伤结果进行对比，不同标准疲劳损伤对比结果如图 8.6 所示。

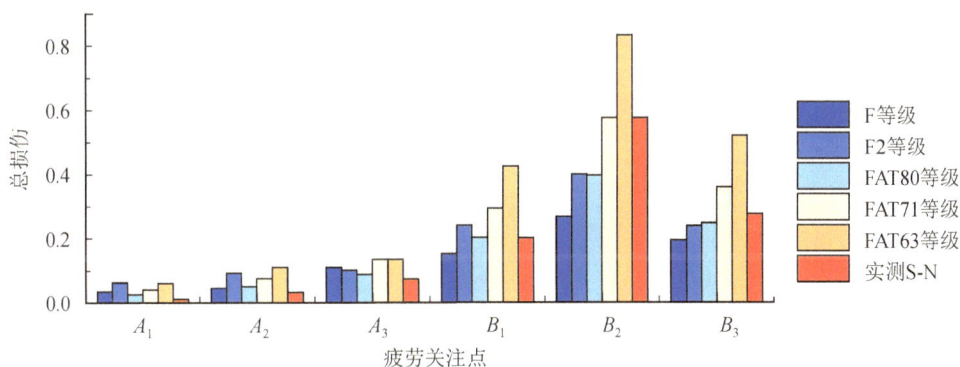

图 8.6　不同标准疲劳损伤对比结果

由图 8.6 可知，在挖掘机工作装置焊接结构疲劳关注点中，动臂疲劳关注点 B_2 处的焊缝处损伤较大，属于结构疲劳薄弱位置。动臂疲劳关注点损伤比斗杆疲劳关注点损伤大。IIW 标准中 FAT63 等级的 S-N 曲线疲劳损伤结果与其余标准相比过于保守，对动臂疲劳关注点的损伤结果明显大于其他评定标准。FAT80 等级与 F2 等级损伤结果相近。实测 S-N 曲线计算的 B_2 点的损伤结果与 FAT71 等级相近，在其余疲劳关注点与 FAT80 等级损伤结果相近。

8.3.5　疲劳关注点寿命评估

基于关注点疲劳累积损伤 D 和疲劳寿命 T(载荷谱块数)的计算公式，进行关注点的疲劳寿命评估，疲劳关注点寿命评估公式如式(8.8)所示。

$$T = \frac{1}{D} = \frac{1}{\sum \dfrac{n_i}{N_i}} \tag{8.8}$$

根据式(8.8)评估的疲劳关注点的寿命评估结果如表 8.10 所示。

表 8.10 疲劳关注点的寿命评估结果

	关 注 点					
	A_1	A_2	A_3	B_1	B_2	B_3
F 等级	28 486	21 496	8931	6526	3735	5125
F2 等级	15 643	10 754	9757	4133	2504	4179
FAT80 等级	39 064	19145	11120	4917	2517	4018
FAT71 等级	24 604	13124	7386	3407	1736	2781
FAT63 等级	16 419	8972	5105	2354	1200	1918
实测 S-N	87 313	30 776	13 467	4945	1737	3603

将表 8.10 的疲劳寿命评估结果进行绘图,使结果更为直观,疲劳关注点的寿命评估结果如图 8.7 所示。

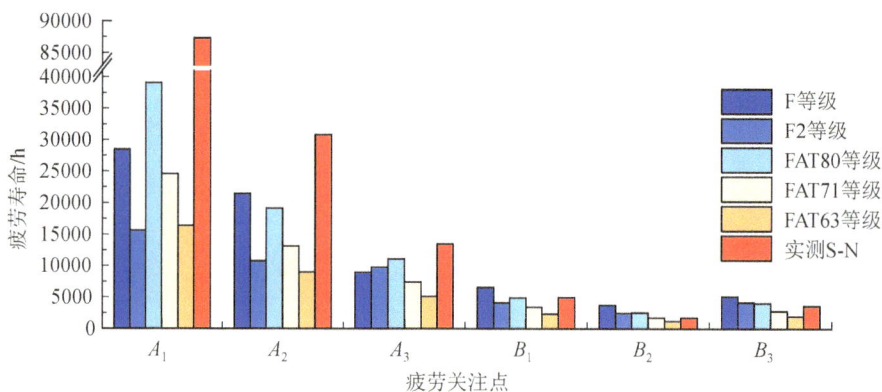

图 8.7 疲劳关注点的寿命评估结果

8.3.6 疲劳寿命评估结果分析

由图 8.7 中疲劳寿命评估结果可知,动臂的疲劳寿命比斗杆的疲劳寿命短,这是因为动臂在工作过程中不仅承受工作载荷,还承受着斗杆和铲斗的重力,所以寿命较短,评估结果与实际相符。

根据挖掘机生产制造公司反馈,该型号挖掘机工作装置疲劳破坏主要发生在动臂上,动臂使用寿命为 4000~6000 h,斗杆使用寿命为 7000~1000 h。

疲劳寿命评估结果中动臂关注点 B_2 寿命比实际使用寿命范围小,公司反馈此处未发生过疲劳破坏，相关文献均表明此处非易发生疲劳破坏位置。这是因为仿真分析中施加的载荷为等效载荷，误差不可避免。关注点 B_2 位置在实际工作中承受的载荷主要来源于铰点 D 的斗杆油缸力，与等效载荷加载方式不同，故此处疲劳寿命评估结果可忽略。考虑到疲劳寿命评估结果具有不确定性，动臂疲劳关注点 B_1、B_2 位置寿命评估结果与实际使用寿命范围虽有所差距，但疲劳寿命评估结果均在误差许可范围内。其中，动臂基于 F 等级、F2 等级、FAT80 等级及实测 S-N 曲线的评估结果与实际工程使用寿命范围较为相符。

斗杆的疲劳寿命评估结果较大。其中，实测 S-N 曲线在疲劳关注点 A_1、A_2 位置疲劳寿命评估结果与基于焊接标准的评估结果相差较大，原因是 A_1、A_2 处载荷应力较小，而实测 S-N 曲线的疲劳水平截止线名义应力相对于选定的其他标准较高，在基于实测 S-N 曲线进行疲劳寿命评估过程中，一些会产生损伤的较小应力被舍弃掉，导致关注点 A_1、A_2 位置的疲劳寿命评估结果较大，可通过补充低应力水平疲劳试验，根据试验结果对实测 S-N 曲线进行修正，提高疲劳寿命评估精确度。疲劳关注点 A_3 位置的实测 S-N 曲线疲劳寿命评估结果与 F2 等级、FAT80 等级疲劳寿命评估结果较为接近。斗杆疲劳寿命评估结果表明，关注点 A_3 位置为疲劳强度薄弱处，斗杆的 F 等级、F2 等级、FAT80 等级、FAT71 等级及实测 S-N 曲线的疲劳寿命评估结果与实际工程使用寿命较为相符。F2 等级与 FAT80 等级寿命评估结果接近，F 等级与 FAT71 等级寿命评估结果接近，实测 S-N 曲线与 FAT80 等级寿命评估结果接近。

本 章 小 结

本章的主要工作是开展工作装置斗杆和动臂疲劳关注点的选取、损伤计算以及寿命评估，主要包含以下两点：

（1）简单介绍了疲劳寿命概念、疲劳寿命评估理论和国际通用的焊接结构疲劳寿命评估标准。

（2）用有限元分析确定了疲劳关注点位置，通过疲劳关注点传递系数，将等效载荷的载荷谱转换为疲劳关注点应力谱，进行疲劳损伤计算与寿命评估。

结果表明，动臂的疲劳寿命比斗杆的疲劳寿命较短，动臂 BS 7608 标准的 F 等级、F2 等级、IIW 标准的 FAT80 等级及实测 S-N 曲线的评估结果与实际工程使用寿命范围较为相符，斗杆 BS 7608 标准的 F 等级、F2 等级、IIW 标准的 FAT80 等级、FAT71 等级及实测 S-N 曲线的疲劳寿命评估结果与实际工程使用寿命较为相符。

参 考 文 献

[1] 王庆凯. 智能选矿助力矿业行业高质量发展探讨[J]. 智能矿山，2021，2(4)：32 - 36.

[2] 陈国俊. 挖掘机[M]. 武汉：华中科技大学出版社. 2011：25 - 36.

[3] 王斌华，向清怡，陈一馨，等. 挖掘机结构疲劳可靠性研究现状及展望[J]. 长安大学学报(自然科学版)，2022，42(1)：115 - 126.

[4] SONSINO C M. Fatigue testing under variable amplitude loading[J]. International Journal of Fatigue，2007，29(6)：1080 - 1089.

[5] MINER M A. Cumulative damage in fatigue[J]. Journal of Applied Mechanics-Transactions of the ASME，1945，12(3)：159 - 164.

[6] 杨雪吟. 2022 年一季度挖掘机、装载机销量数据[J]. 今日工程机械，2022 (2)：22.

[7] 晓昆. 品质、细节成就挖掘机销量之王[J]. 工程机械与维修，2017，268(3)：20 - 22.

[8] 本刊编辑部. 《工程机械行业"十四五"发展规划》解读[J]. 今日工程机械，2021(4)：38 - 43.

[9] MAURY H，WILCHES J，ILLERA D，et al. Failure assessment of a weld-cracked mining excavator boom[J]. Engineering Failure Analysis，2018，90：47 - 63.

[10] 曹蕾蕾，郭城臣，王严，等. 基于实测数据的挖掘机工作装置疲劳寿命评估[J]. 华南理工大学学报(自然科学版)，2021，49(8)：122 - 128.

[11] 李占龙，诸小武，高山铁，等. 液压挖掘机工作装置优化研究[J]. 机械强度，2023，45(1)：105 - 114.

[12] 谷立柱，王威，蒋艺飞. 挖掘机工作装置焊接结构疲劳强度的研究和应用[J]. 焊接技术，2020，49(9)：143 - 146.

[13] 卢宁，韩崇瑞. 基于 ADAMS 刚柔耦合模型的塔式起重机起重臂疲劳寿命分析[J]. 机电工程，2021，38(8)：1003 - 1009.

[14] 秦威，赵刚，江志刚，等. 液压挖掘机工作装置的载荷谱测试研究[J]. 机械设计与制造，2018(3)：226 - 229.

[15] 万一品，宋绪丁，陈乐乐，等. 装载机连杆载荷测试与载荷谱编制方法研究[J]. 机械强度，2019，41(2)：425 - 429.

[16] WANG P H，XIANG Q Y，Królczyk G，et al. Dynamic modeling of a hydraulic excavator stick by introducing multi-case synthesized load spectrum for bench fatigue test[J]. Machines，2022，10(9)：741 - 760.

[17] 向清怡，吕彭民，王斌华，等. 液压挖掘机斗杆台架疲劳试验载荷等效方法[J]. 中国公路学报，2018，31(6)：317 - 326.

[18] 杜建，黄丽美，魏敏先，等. 转向节多轴虚拟试验台架载荷谱应用研究[J]. 机械强度，2023，45(1)：198 - 208.

[19] MURAKAMI Y，TAKAGI T，WADA K，et al. Essential structure of SN curve：prediction of fatigue life and fatigue limit of defective materials and nature of scatter[J]. International Journal of Fatigue，2021，146：106138.

[20] BURHAN I，KIM H S. S-N curve models for composite materials characterisation：An evaluative

review[J]. Journal of Composites Science，2018，2(3)：38－45.

[21] 白恩军，黄树涛，谢里阳. 威布尔分布下小样本 P-S-N 曲线拟合方法[J]. 西安交通大学学报，2019，53(9)：96－101.

[22] ZU T P，KANG R，WEN M L，et al. α-S-N curve：a novel S-N curve modeling method under small-sample test data using uncertainty theory[J]. International Journal of Fatigue，2020，139：105725.

[23] CAIZA P D T，UMMENHOFER T. A probabilistic Stüssi function for modelling the SN curves and its application on specimens made of steel S355J2＋N[J]. International Journal of Fatigue，2018，117：121－134.

[24] WANG D Q Q，YAO D D，GAO Z B，et al. Fatigue mechanism of medium-carbon steel welded joint：Competitive impacts of various defects［J］. International Journal of Fatigue，2021，151：106363.

[25] 李向伟，方吉，赵尚超. 焊接结构主 S-N 曲线拟合方法及软件开发[J]. 焊接学报，2020，41(01)：80－85＋101.

[26] 周韶泽，郭硕，陈秉智，等. 焊接结构超高周疲劳主 S-N 曲线拟合及寿命预测方法[J]. 焊接学报，2022，43(5)：76－82＋118.

[27] 兆文忠，李向伟，董平沙. 焊接结构抗疲劳设计理论与方法［M］. 北京：机械工业出版社，2017. 13－59.

[28] FUSTAR B，LUKACEVIC I，DUJMOVIC D. Review of fatigue assessment methods for welded steel structures[J]. Rivista Italiana della Saldatura，2022，74(3)：213－229.

[29] Arsić, Gnjatović N，SEDMAK S，et al. Integrity assessment and determination of residual fatigue life of vital parts of bucket-wheel excavator operating under dynamic loads[J]. Engineering Failure Analysis，2019，105：182－195.

[30] KOTESOVA A A，TEPLYAKOVA S V，POPOV S I，et al. Ensuring assigned fatigue gamma percentage of the components［A］. IOP Conference Series：Materials Science and Engineering［C］. IOP Publishing，2019，698(6)：066029.

[31] ZHAO G，XIAO J S，ZHOU Q. Fatigue models based on real load spectra and corrected sn curve for estimating the residual service life of the remanufactured excavator beam[J]. Metals，2021，11：365－380.

[32] SHAO Y H，LU P M，WANG B H，et al. Fatigue reliability assessment of small sample excavator working devices based on Bootstrap method［J］. Frattura ed Integrità Strutturale，2019，13(48)：757－767.

[33] 曹蕾蕾，王留涛，王严，等. 基于等效结构应力法的挖掘机工作装置疲劳寿命评估[J]. 华南理工大学学报(自然科学版)，2022，50(8)：62－70.

[34] LEONETTI D，MALJAARS J，SNIJDER H H B. Fracture mechanics based fatigue life prediction for a weld toe crack under constant and variable amplitude random block loading——Modeling and uncertainty estimation[J]. Engineering Fracture Mechanics，2021，242：107487.

[35] WANG F，CUI W C. Recent developments on the unified fatigue life prediction method based on fracture mechanics and its applications[J]. Journal of Marine Science and Engineering，2020，8(6)：427－441.

[36] 马建, 孙守增, 芮海田, 等. 中国筑路机械学术研究综述·2018[J]. 中国公路学报, 2018, 31(6): 1-164.

[37] GB/T 7586—2018, 土方机械 液压挖掘机 试验方法[S], 北京: 中国国家标准化管理委员会, 2018.

[38] 张继尧, 李冰, 徐武彬, 等. 装载机铲斗载荷历程获取方法的提出与对比研究[J]. 机械设计与制造, 2022(8): 128-132.

[39] 李瑶, 吕彭民, 向清怡, 等. 挖掘机下车架疲劳试验载荷谱研究与寿命预测[J]. 制造业自动化, 2021, 43(6): 37-44+69.

[40] 万一品, 宋绪丁, 陈乐乐, 等. 装载机连杆载荷测试与载荷谱编制方法研究[J]. 机械强度, 2019, 41(2): 425-429.

[41] 薛璐, 田磊, 耿彦波. 销轴传感器测量原理与标定方法研究[J]. 工程机械, 2021, 52(3): 50-54.

[42] 高月华, 高振方, 秦淑华. R961型液压挖掘机斗杆载荷谱[J]. 工程机械, 1980(9): 32-38.

[43] 石来德, 曹善华, 俞丽萍. 单斗液压挖掘机模型模拟试验加载谱的研究[J]. 同济大学学报(自然科学版), 1992(4): 395-402.

[44] 万一品, 宋绪丁, 吕彭民, 等. 基于弯矩等效的装载机外载荷当量与载荷谱编制[J]. 长安大学学报(自然科学版), 2019, 39(2): 117-126.

[45] 尚德广. 疲劳强度理论[M]. 北京: 科学出版社, 2017: 63-74.

[46] KEBIR T, CORREIA J, BENGUEDIAB M, et al. Numerical study of fatigue damage under random loading using Rainflow cycle counting[J]. International Journal of Structural Integrity, 2021, 12(1): 149-162.

[47] PHAM Q H, GAGNON M, ANTONI J, et al. Rainflow-counting matrix interpolation over different operating conditions for hydroelectric turbine fatigue assessment[J]. Renewable Energy, 2021, 172: 465-476.

[48] 李淑艳, 翟友邦, 王小龙, 等. 基于核密度估计的拖拉机传动轴载荷外推方法[J]. 中国农业大学学报, 2021, 26(10): 175-184.

[49] 栾世杰, 于佳伟, 郑松林, 等. 基于非参数核密度估计法的商用车服役载荷环境研究与应用[J]. 机械强度, 2020, 42(2): 443-452.

[50] XU S X, CHEN J X, SHEN W, et al. Fatigue strength evaluation of 5059 aluminum alloy welded joints considering welding deformation and residual stress[J]. International Journal of Fatigue, 2022, 162: 106988.

[51] LEE Y L, PAN J, HATHAWAY R, et al. Fatigue testing and analysis: theory and practice[M]. Butterworth-Heinemann, 2005: 28-31.

[52] 王慧娟, 崔桂彦, 范海红, 等. 最小二乘法在电路实验中的应用[J]. 电气电子教学学报, 2022, 44(6): 152-155.

[53] 周晓坤, 裴宪军, 董平沙, 等. 焊接结构随机振动疲劳分析方法研究与应用[J]. 计算机集成制造系统, 2024, 30(2): 643-656.

[54] 高镇同, 熊峻江. 疲劳学的研究进展[J]. 北京航空航天大学学报, 1996(3): 5-8.

[55] 高镇同, 熊峻江. 疲劳可靠性[M]. 北京: 北京航空航天大学出版社, 2000: 34-56.

[56] 闫楚良. 高置信度中值疲劳载荷谱编制原理与专家系统[D]. 北京航空航天大学, 1995.

[57] 闫楚良. 双参数疲劳载荷谱的编制[J]. 农业机械学报, 1986(2): 94-102.

[58] 闫楚良，高镇同. 飞机高置信度中值随机疲劳载荷谱的编制原理[J]. 宇航学报，2000，21(2)：118 - 123.

[59] 吴富民. 结构疲劳强度[M]. 西安：西北工业大学出版社，1985：17 - 46.

[60] 徐灏. 疲劳强度设计[M]. 北京：机械工业出版社，1981：23 - 53.

[61] 徐灏，胡俏. 随机载荷下零件的可靠度计算新方法[J]. 农业机械学报. 1995，26(2)：97 - 100.

[62] 李文玉，夏日，许金泉. 挖掘机工作载荷谱识别方法研究[J]. 力学季刊，2021，42(1)：130 - 139.

[63] JOHANNESSON P. Extrapolation of load histories and spectra[J]. Fatigue & Fracture of Engineering Materials & Structures，2006，29(3)：40 - 57.

[64] 吴玉文，吕彭民. 挖掘机工作装置动态测试与瞬态动力学分析[J]. 筑路机械与施工机械化，2020，37(Z1)：116 - 120.

[65] 秦威，赵刚，江志刚，等. 挖掘机工作装置的载荷谱测试研究[J]. 机械设计与制造，2018(3)：226 - 229.

[66] 向清怡，吕彭民，王斌华，等. 挖掘机工作装置载荷谱测试方法[J]. 中国公路学报，2017，30(9)：151 - 158.

[67] 陈进，任志贵，庞晓平，等. 挖掘机挖掘力计算新方法[J]. 同济大学学报(自然科学版)，2014，42(4)：596 - 603.

[68] 陈雪辉，李威，刘伟，等. 基于动力学特性的挖掘机工作装置端面摩擦副间隙磨损机理研究[J]. 机械工程学报，2022，58(19)：191 - 205.

[69] 张卫国，权龙，程珩，等. 真实载荷驱动下挖掘机工作装置疲劳寿命研究[J]. 农业机械学报，2011，42(5)：35 - 38+105.

[70] JIANG T，LIU X B. Fatigue research on excavator boom driven by real loads[J]. Applied Mechanics and Materials，2014，488 - 489：1057 - 1060.

[71] 万一品，贾洁，魏永祥，等. 装载机轴类零件载荷测试方法与试验研究[J]. 机械传动，2017，41(2)：95 - 99.

[72] 刘菊蓉，孙浩然，梁杨，等. 基于常态挖掘轨迹的铲斗疲劳寿命研究[J]. 机床与液压，2021，49(21)：89 - 93.

[73] 范立光，冯勇. 大型进口挖掘机铲斗及其附属件国产化改造[J]. 工程机械与维修，2022(4)：51 - 53.

[74] 孙浩然，任志贵，刘菊蓉，等. 极限挖掘载荷下挖掘机铲斗轻量化设计[J]. 机床与液压，2022，50(12)：64 - 69.

[75] 任志贵，孙浩然，王军利，等. 基于不同工作载荷的铲斗结构特性分析[J]. 机电工程，2020，37(3)：247 - 252.

[76] 王永来，沈雨鹰，韩峰，等. 挖掘机内燃机扭矩载荷谱的编制方法[J]. 中国工程机械学报，2022，20(6)：510 - 515.

[77] 万一品，宋绪丁，员征文，等. 装载机工作装置载荷数据模型与载荷谱编制[J]. 振动测试与诊断，2021，41(2)：304 - 310+412.

[78] 于佳伟，马健君，郑松林，等. 一种载荷谱二维时域阈值编制方法及应用[J]. 机械强度，2022，44(3)：705 - 712.

[79] 王彦伟，罗继伟，叶军，等. 基于有限元的疲劳分析方法及实践[J]. 机械设计与制造，2008(01)：

22 – 24.

[80] 王蔚. 有限元技术在机械设计中的应用分析[J]. 科技创新与应用，2016，155(7)：14 – 18.

[81] 彭博，刘健，钟颖，等. 基于 Pro/E 的挖掘机铲斗挖掘力计算方法[J]. 现代制造技术与装备，2022，58(2)：120 – 123.

[82] 李霞，宋海堂. ANSYS 在机械设计中的应用[J]. 机械，2007(11)：45 – 46.

[83] ZHANG Y，NING X，WANG Q. Optimization simulation for performance of working device of large face-shovel hydraulic excavator[J]. Electromechanical Engineering，2013，30(3)：329 – 332.

[84] 何文斌. 有限元在液压缸结构设计上的应用[J]. 煤矿机械，2003(8)：12 – 15.

[85] 陈进，吴俊，李维波，等. 大型液压正铲挖掘机工作装置有限元分析及应力测试[J]. 中国工程机械学报，2007(2)：198 – 203.

[86] XIE Q，WU Y X. Rigid-flexible coupling dynamics analysis of hydraulic excavator[J]. J. Mecha. Transm，2016，40(5)：101 – 104.

[87] 彭婧，贺利乐，梁堃，等. 基于刚柔耦合建模的液压挖掘机动力学分析研究[J]. 机械设计，2012，29(4)：6 – 11.

[88] 刘广军，刘可臻，孙波，等. 基于刚-柔耦合的反铲挖掘机工作装置多体动力学分析与仿真[J]. 同济大学学报(自然科学版)，2021，49(7)：1053 – 1060.

[89] 谢琴，吴运新. 挖掘机刚柔耦合动力学分析[J]. 机械传动，2016，40(5)：101 – 104.

[90] 万一品，宋绪丁，陈乐乐. 装载机工作装置载荷测试样本长度确定方法[J]. 郑州大学学报(工学版)，2018，39(3)：67 – 71.

[91] 刘宝，冯志友，莫帅. 正铲液压挖掘机工作装置的动力学分析与仿真[J]. 机械传动，2018，42(6)：115 – 119.

[92] 张晴晴，谢傲，龚智强. 基于 D-H 矩阵的挖斗可偏转挖掘机工作装置运动学建模与分析[J]. 绥化学院学报，2018，38(6)：141 – 144.